생물학실험서

3rd edition

이영석, 박용철, 오상택, 이인형, 성문희

국민대학교 출판부
KOOKMIN UNIVERSITY PRESS

Contents

Part

04

유전자 및 단백질의 이해

Part

05

생물학의 응용

Part 01

생물학 실험의 기초

실험 1. 생물실험의 기초 및 기본기기 다루기

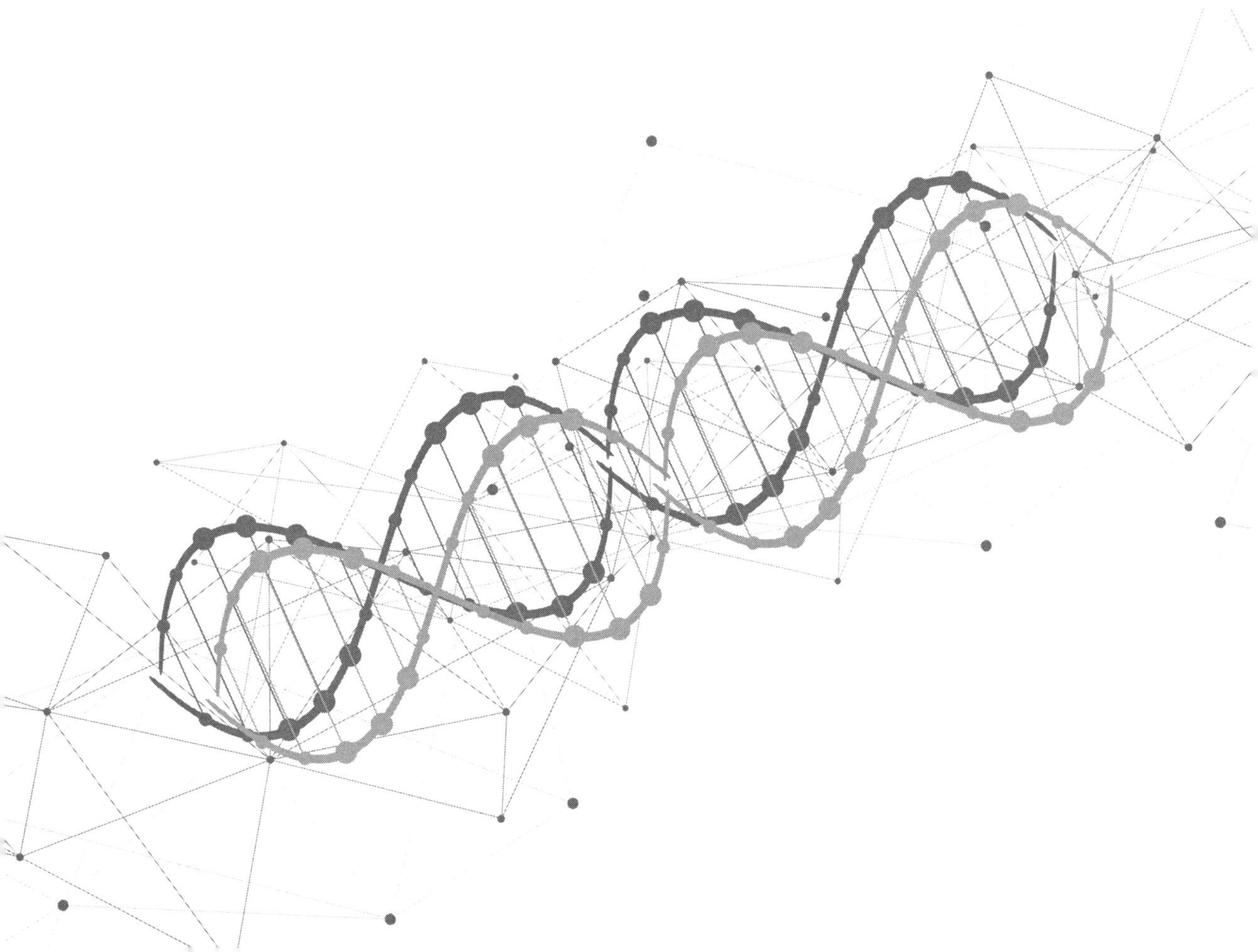

실험 1

생물실험의 기초 및 기본기기 다루기

이 론

생물실험을 하기 위해서는 특별한 농도의 용액(solvent)을 준비하거나 용질(solute)의 농도(concentration)로 자료를 나타내어야 한다. 용액의 농도는 녹인 용질의 종류와 그 용매에 상대적인 용질의 양에 의해 농도가 결정된다. 또한 실험에서 종종 농도의 계산이 필요하다. 특히 생물에 있어서 가장 중요한 용매인 물의 농도에 따라 다양한 현상이 나타난다. 농도란 주로 용체(solution)에서 성분의 조성을 나타내는 양을 말한다. 용체란 두 종류 이상의 물질로 이루어져 균일한 상을 만들고 있는 혼합물을 말하며 기체 상태인 경우, 혼합 기체, 액체 상태인 경우는 용액, 고체 상태인 경우는 고용체라고 한다. 농도를 나타내는 여러 가지 표시법이 있는데 그 중에서 가장 많이 쓰이는 방법으로 그램(gram) 농도, 퍼센트(percentage) 농도, 몰(mol) 농도, 노르말(normal) 농도, 몰랄(moral) 농도, 부피(volume) 백분율 등이 존재한다.

그램 농도는 용액 1 L 속에 녹아있는 용질의 g 수로 g/L 단위로 나타낸다.

$$\text{그램 농도(g/L)} = \frac{\text{용질의 무게(g)}}{\text{용액의 부피(L)}}$$

퍼센트 농도는 용액 100 g 속에 녹아있는 용질의 g 수로 % 단위로 나타낸다.

$$\text{퍼센트 농도(\%, w/w)} = \frac{\text{용질의 무게(g)}}{\text{용액의 무게(g)}} \times 100$$

몰 농도는 어떠한 물질이라도 1mol = 6.023 × 10^{23}(N)개의 분자가 포함되어 있다. 용액 1 L 속에 녹아있는 용질을 g이 아닌 mol 수로 나타낸다.

$$\text{몰 농도(M)} = \frac{\text{용질의 몰수(mol)}}{\text{용액 1 L}}$$

노르말 농도는 용액 1 L 중에 녹아있는 용질의 양을 그램당량으로 표시하며 적정법에 많이 사용된다. 표시법은 eq/L, meq/㎖, N으로 나타낸다.

$$\text{노르말 농도(N)} = \frac{\text{용질의 g 당량수(eq)}}{\text{용액 1 L}}$$

몰랄 농도는 용매 1,000 g 속에 녹아있는 용질의 몰수(mol)를 말한다. 질량은 온도와 관계가 없으므로 온도에 무관한 단위가 필요한 경우에 사용한다.

$$\text{몰랄 농도(m)} = \frac{\text{용질의 몰수(mol)}}{\text{용매 1 kg}}$$

부피 백분율은 용액 1,000 ㎖ 속에 녹아있는 용질의 ㎖ 수를 말한다. 혼합에 의해 부피에 변화가 생기는 경우에는 혼합하기 전의 부피에 의해서 용액으로서의 1,000 ㎖의 값을 정한다.

$$\text{부피 백분율(\%, v/v)} = \frac{\text{용질의 부피}}{\text{용액의 부피}} \times 100$$

일반적인 용액의 특성으로 전기적 해리가 대표적인데, 전기적 해리란 전해질의 각 분자들이 이온으로 해리될 때 일어나는 것을 말한다. 소금과 같은 강전해질은 완전히 해리되는 반면, 약전해질은 부분적으로 해리되며 용액의 pH와 온도에 의존한다. pH는 수소이온의 이온지수를 나타내며, 이러한 수치를 측정하는 기기를 pH 미터라고 한다. 측정된 pH의 값은 다음과 같은 식을 통해 나타낸다.

$pH = -\log[H^+]$

1. 실험목표

1) 용액의 농도의 종류를 알아본다.

2) 다양한 실험 기기를 이용해 원하는 농도의 용액을 만들 수 있다.

① 70% 에탄올 용액 10 ㎖ 만들기(부피비)

② 0.1 몰농도의 NaCl 용액 100 ㎖ 만들기

③ 오렌지 주스(원액, 50%, 10% 용액)의 pH 측정하기

3) 생물학 실험에서 사용되는 간단한 기기의 사용법을 익힌다.

4) 마이크로피펫을 이용하여 50 ㎕ 단위의 무게를 측정한다.

2. 재료 및 기구

1) 재료

오렌지 주스

2) 기구

자석교반기(magnetic stirrer), 혼합기(vortexing machine), 전자저울(electronic scale), 마이크로피펫(micropipet), pH 미터(pH meter), 유산지(patchment paper), 50 ㎖ 시험관(50 ㎖ tube), 비이커(beaker), 마이크로피펫 팁(blue tip, yellow tip), 자석바(magnetic bar), 메스실린더(mass cylinder), 시약스푼(spatula), 붓(brush)

3) 시약

NaCl, 에탄올, 증류수, 오렌지 주스

3. 실험 방법

〈본 실험 전의 기초적인 실험 방법〉

(1) 화학 약품을 이용해 용액의 농도를 계산할 때 중요 고려사항

① 사용할 화학 약품의 농도와 순도를 알아낸다.

② 필요한 용액의 부피를 결정한다.

③ 그 약품의 몰 질량을 알아낸다. 시약병에 표기된 분자량을 확인한다.

④ 필요한 부피에 알맞은 농도가 되도록 화학 약품의 질량을 계산한다.

⑤ 사용할 화학 약품의 양만큼 정밀 전자저울을 이용하여 정확하게 측정한다.

⑥ 용액을 자석 교반기나 혼합기로 잘 섞고 필요하다면 약품이 용해될 때까지 가열한다.

⑦ 만들어진 용액의 용기에 이름표를 붙인다. (MSDS작성 : 농도, 화학약품, 날짜, 제작자 이름)

(2) 용액을 만들기 위한 기기 사용법

1) 자석교반기와 혼합기

① 원하는 만큼의 용액과 용질을 넣은 플라스크나 비이커에 자석바를 넣는다.

② 처음에는 낮은 속도에서 시작하여 서서히 속도를 올린다.

③ 필요하면 온도 스위치를 이용해 가열할 수 있다. 가열 판에 손이 닿지 않도록 주의한다.

④ 혼합기를 이용할 때는 속도 조정에 주의해야 한다. 너무 느리면 시험관 속에서 용액이 회오리를 일으키지 않고 진동하고, 너무 빠르면 시험관이 손에서 미끄러져 나갈 수 있다.

2) 전자저울

① 저울을 평면 위에 평형으로 설치한다. 저울이 설치된 곳은 바람이 불지 않고, 습도나 온도 등이 일정하게 유지되는 안정된 곳이어야 한다. 기기의 평형 기포를 중앙에 맞추어 수평을 확인한다.

② 저울의 스위치를 켠다.

③ 유산지를 저울 위에 놓고 시약스푼으로 시약의 양을 정확하게 측정한다.

④ 조심스럽게 유산지를 꺼내어 용기에 옮겨 담는다.

⑤ 저울 내부에 약품이나 시료 등을 흘렸을 때는 바로 붓으로 털고 깨끗한 천으로 닦는다. 저울은 정밀한 기계이기 때문에 조심스럽게 다루어야 하고 측정이 끝나면 스위치를 끈다.

3) 마이크로 피펫

미량의 용액을 채취하는 목적으로 사용하는 기기이다. 마이크로 피펫은 용량에 따라 여러 종류가 있지만 크게 네 가지의 종류를 사용한다. 단위는 ㎕이다.

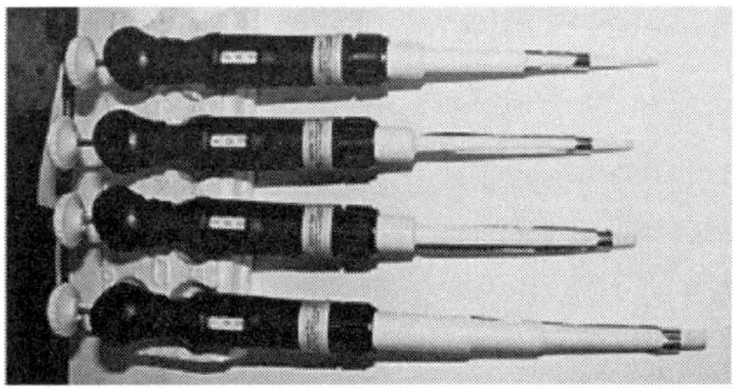

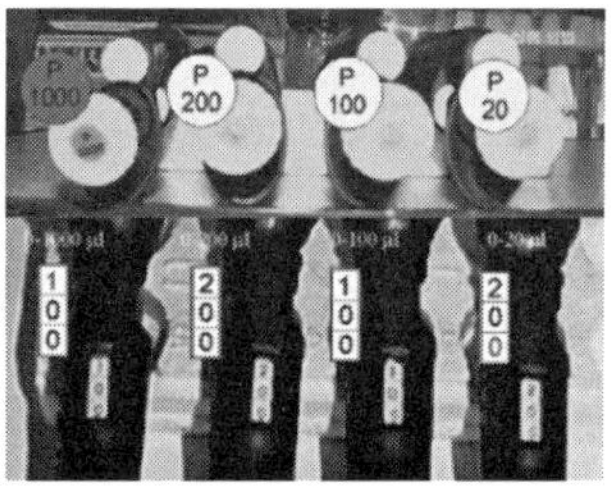

① 피펫을 원하는 수치로 돌려서 조작한다.

② 수치로 맞춘 피펫에 피펫팁(tip)을 꽂는다.

③ 피펫팁(tip)을 취할 용액에 넣고 누르다가 걸리는 곳까지 내려서 천천히 버튼을 조작하여 용액을 취한다.

④ 취한 용액을 담을 때는 tip을 담는 용기의 벽면에 대고, 천천히 버튼을 눌러 더 눌러지는 곳까지 눌러서 용액을 담는다.

〈주의사항〉

1) 각 피펫의 눈금 범위 밖으로 돌리지 않는다. 눈금 범위 밖의 수치로는 정확도가 떨어지며 피펫에 무리가 갈 수 있다.
2) 누르다가 걸리는 곳까지가 정확한 용량이고, 더 눌러지는 것은 잔류 용량을 불어내기 위함이다.
3) 용액을 취할 때와 옮길 때는 천천히 버튼을 조작한다. 버튼을 빠르게 조작 시 정확하게 취하지 못할 수도 있고, 피펫 안으로 용액이 들어가서 피펫 고장의 원인이 될 수 있다.
4) 용액이 담긴 상태로 피펫을 거꾸로 세우지 않는다. 피펫 안으로 용액이 들어가 고장의 원인이 될 수 있다.
5) 유기 용매를 다룰 때는 특히 조심한다.
6) 피펫팅 시에는 눈앞에서 시행함이 원칙이다.
7) 누를 때 부드럽게 누른다. 즉, 힘을 주어 누르면 스프링이 망가지는 원인이 될 수 있다.

〈기초실험〉

1) 70% 에탄올 용액 10 mℓ 제조하기

① 100% 에탄올 용액으로 70% 에탄올 용액이 되도록 계산한다.

(70%/100%) × 부피(mℓ) = 100% 에탄올이 필요한 부피(mℓ)

전체 부피(mℓ) − 100% 에탄올이 필요한 부피(mℓ) = 증류수가 필요한 부피(mℓ)

② 계산한 값만큼 에탄올과 증류수를 피펫을 이용하여 50 mℓ 시험관에 넣어준다.

③ 혼합기(vortexing machine)를 이용하여 용액을 혼합한다.

2) 0.1 몰농도의 NaCl 용액 100 ㎖ 제조하기

① 0.1 몰농도가 되도록 계산하여 NaCl을 저울로 측정하여 비이커에 담는다.

② 약 50~80 ㎖ 용량의 증류수를 넣고 자석교반기에서 용해시킨다.

③ 용해한 NaCl 용액을 메스실린더에 넣은 후 증류수를 이용하여 부피를 100 ㎖로 제조한다.

3) 오렌지 주스(원액, 50%, 10%) pH 측정하기

① 시료의 pH를 측정하기 전에 pH 표준용액으로 pH의 정확성을 확인한다 (pH calibration: pH 적정).

② 확인한 pH 측정기의 전극을 증류수로 씻은 후, 오렌지 주스 pH를 측정한다.

③ %용액 계산과정처럼 계산하여서 제조한 50%, 10% 오렌지주스도 pH를 측정한다. 주의) 한 번 측정한 뒤, pH 전극을 반드시 증류수로 씻고 다음 용액을 측정한다. 사용하고 난 pH 전극은 증류수로 충분히 씻어낸 뒤, 저장용액(storage solution)에 담가 보관한다.

4) 마이크로피펫 이용하여 500 ㎕ 단위의 부게 측정하기

① 1,000 ㎕ 피펫을 500으로 맞춘다.

② 피펫통을 열고 피펫에 팁을 꽂는다. 꽂을 시에는 세게 두들기지 말 것.

③ 증류수 500 ㎕를 채취한다. 이때 피펫기기 내부로 증류수가 들어가지 않도록 천천히 채취한다.

④ 채취한 증류수를 저울에 옮겨 놓는다. 이때 저울의 영점이 맞는 지 확인하고, 피펫으로 옮길 때 천천히 버튼을 누를 것.

4. 고찰

1) 용액 농도의 종류 (% 용액, 몰농도, 몰랄농도)

2) 마이크로피펫 조작법

3) pH미터 사용법 및 원리

4) pH미터를 쓰기 전에 표준적정(calibration)을 해야 하는 이유

5) 교반기와 혼합기를 쓰는 목적

6) 70% 에탄올을 만드는 이유

5. 필요기기

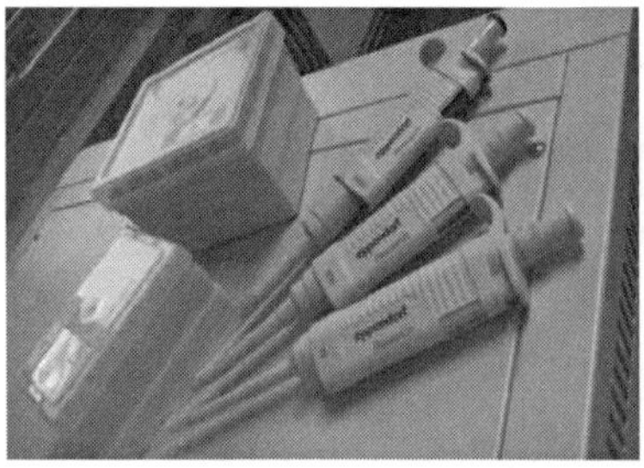

마이크로피펫과 마이크로피펫 팁

전자저울

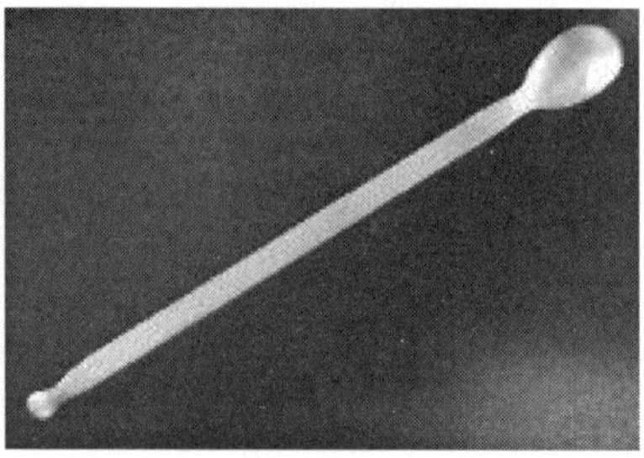

시약스푼

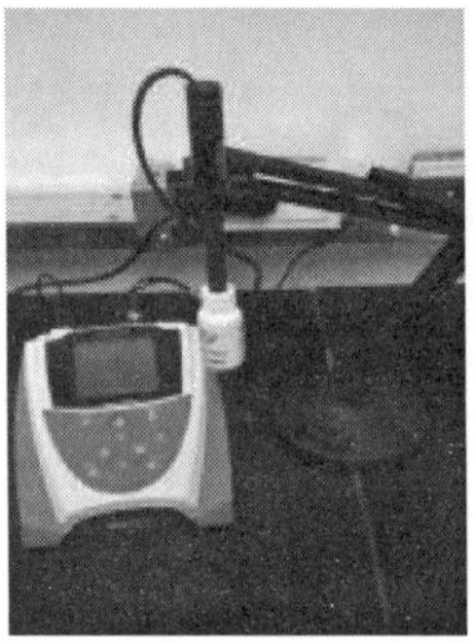

pH미터

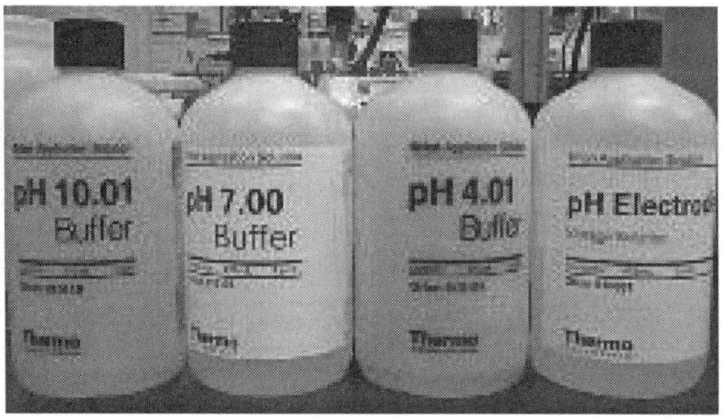

pH미터 측정 보정용액

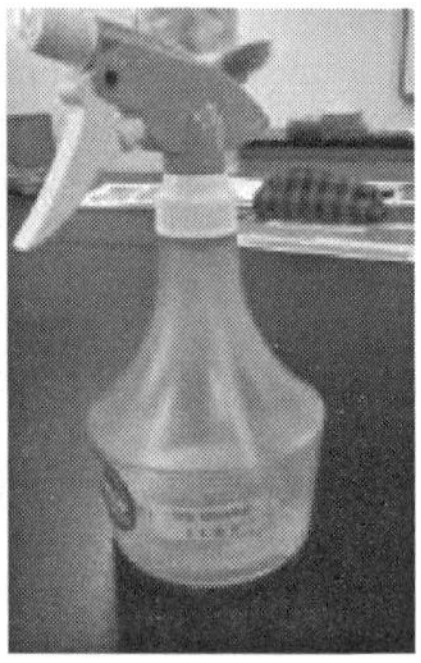

70% 에탄올

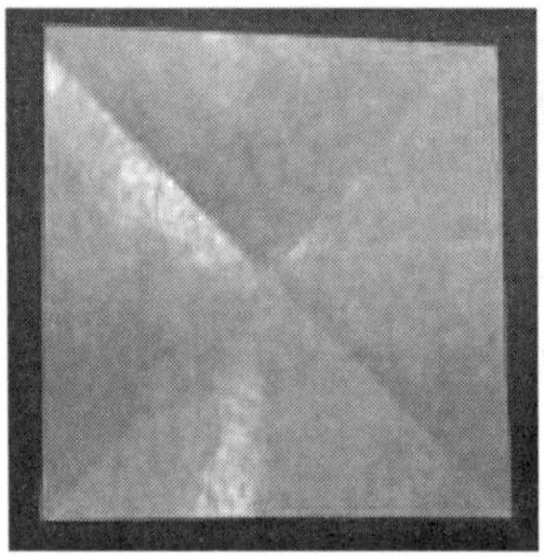

유산지

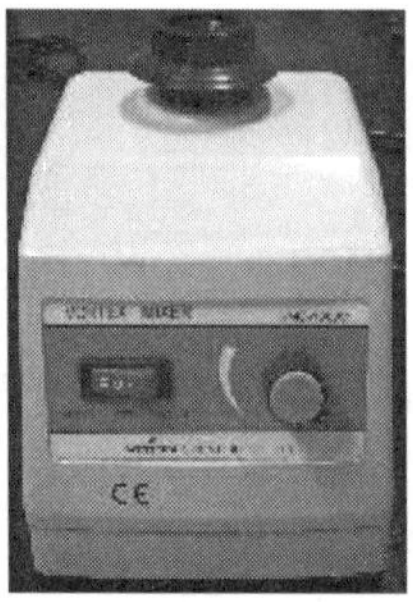

혼합기

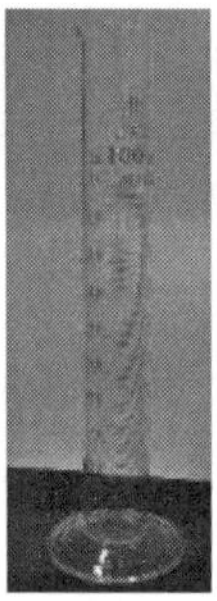

매스실린더

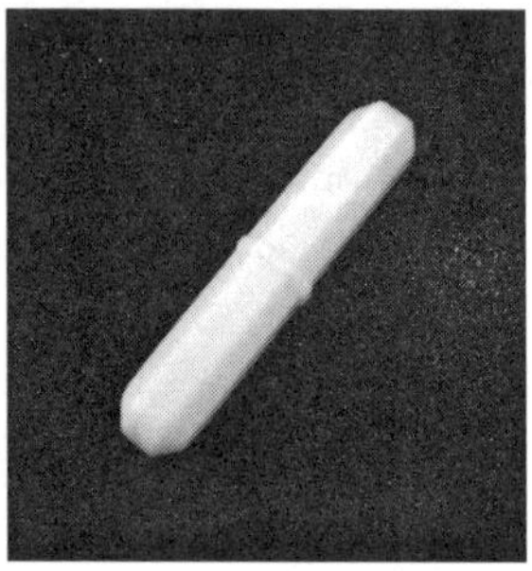

자석바

자석 교반기

비이커

– 실험 보고서 1 –

실험 제목 :

실험 결과 및 고찰 :

참고문헌 :

생물학 실험서

Part 02

미생물의 이해

실험 2. 배지 만들기 및 접종

실험 3. 그람 염색법

실험 4. 곰팡이의 관찰

실험 5. 미생물 세포의 생장 분석

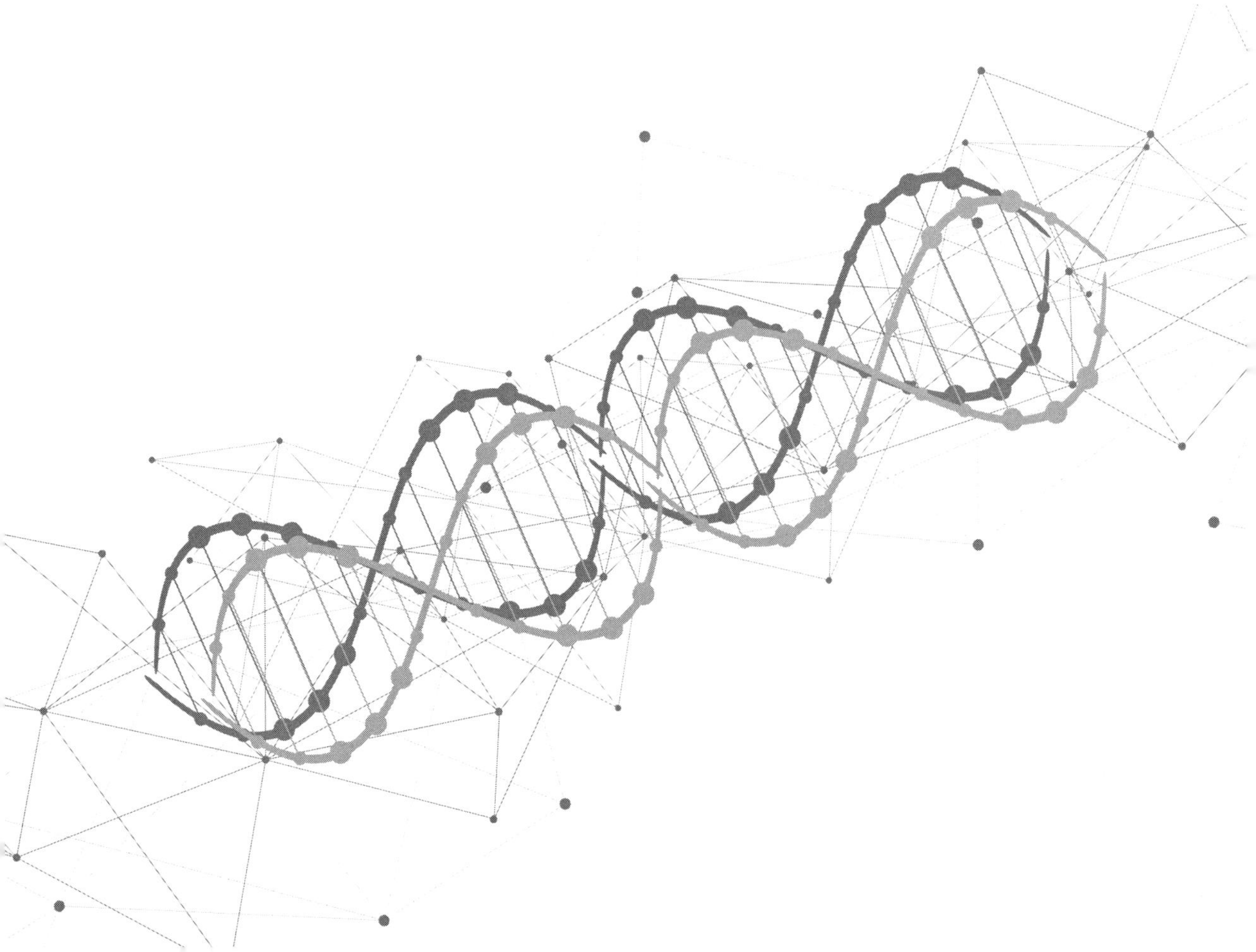

실험 2

배지 만들기 및 접종

이 론

배지(culture medium)란 미생물이나 동식물의 조직과 같은 배양체가 생장하기 위하여 필요로 하는 영양물질을 넣어 혼합한 것으로 배양액(培養液)이라고도 한다. 물을 비롯하여 탄소원(C) · 질소원(N) · 무기질(mineral) · 발육인자(비타민류) 등을 영양원으로 배양체에 맞게 제조한다.

미생물마다 필요로 하는 영양원이 다르므로 제조 시에 주로 사용되는 영양원이 다르다. 세균배양에는 육즙 · 효모추출물 등이, 곰팡이 배양에는 맥아추출물 등이 흔히 사용된다. 볏짚 또는 왕겨 등의 천연물을 이용한 배지는 천연배지라고 부른다. 무기염류만 또는 구조가 알려진 탄소원 · 질소원 등을 사용하여 화학 조성을 완전하게 알고 있는 배지를 제한배지(defined medium, mineral medium) 또는 합성배지(synthetic medium)라 한다. 정확한 화학 조성을 모르는 유기물 성분이 다량 포함된 배지를 복합배지(complex medium)라 한다. 복합배지에는 다양한 영양물질이 충분히 들어있어 여러 종류의 미생물이 한 종류의 배지에서 자랄 수 있기 때문에 유용하다. 대량 배양에는 액체배지가 적당하고, 세포주(株)의 보존이나 분리에는 한천 · 젤라틴 등을 첨가한 고형배지를 사용한다. 많은 종류의 세균을 포함하는 재료로부터 목적균을 선별하기 위한 배지를 선택배지(selective medium)라고 한다.

미생물 실험은 목적으로 하는 미생물만을 순수 배양하기 위하여, 그 미생물의 성장에 적합한 배지를 준비하는 것이 중요하다. 배지 원료에는 많은 미생물이 존재하고 있기 때문에 배지를 만들 때 멸균하는 과정을 거치지 않는다면 다양한 미생물의 오염으로 원하는 결과를 얻을 수 없다. 따라서 배지를 만들고 멸균을 실시하여 배양기 내에 존재하는 모든 미생물을 사멸 또는 제거하는 과정을 멸균(sterilization)이라고 한다.

멸균 방법에는 열처리, 여과 등의 방법이 있다. 건열멸균은 가열을 하여 온도를 높여 멸균하는 방법인데 습윤 멸균에 비하여 열전도율이 낮아 160℃에서 적어도 1시간 이상 가열해야 한다. 이 방법에서 주의사항은 열에 의하여 잘 깨지는 기구를 사용하지 않아야 한다. 습윤 멸균은 고온습윤멸균기(autoclave)를 사용하여 고압상태에서 열을 가하여 생성된 고압수증기로 멸균하는 방법이다. 이 방법으로는 1.1 kg/cm^2(15 lb/in^2)의 증기압을 이용하여 습윤 멸균기내 온도를 121℃로 하여 멸균한다. 여과멸균은 구멍크기(pore size)가 0.2~0.45 ㎛의 멸균된 여과지를 사용하여 여과시켜 제균하는 방법이다. 이 방법은 가열을 통하여 구조가 변하는 배지 성분이 포함되어 있을 경우에 사용한다.

1. 실험 목표

미생물의 생육조건과 사용목적에 따라 배지를 제조하고 미생물을 접종하고 관찰한다.

2. 재료 및 기구

1) 배지

LB agar 250 ㎖ (1% NaCl, 1% tryptone, 0.5% yeast extract, 1.5% agar)

=> LB plate 10개 제조

YPD broth (1% yeast extract, 2% peptone, 2% glucose)

=> YPD broth 200 ㎖ 제조

2) 미생물 : 대장균(*Escherichia coli*), 효모(*Saccharomyces cerevisiae*)

=> plate 배양

3) 재료 및 기구 : 고온습윤멸균기, 패트리-접시(Petri-dish), 알코올 램프 (alcohol lamp), 증류수, 백금이(platinum loop)

3. 실험 방법

1) LB agar 배지 제조

① 증류수 약 50 ㎖을 플라스크에 넣는다.

② NaCl 1 g, tryptone 1 g, yeast extract 0.5 g를 첨가 후 잘 녹인다.

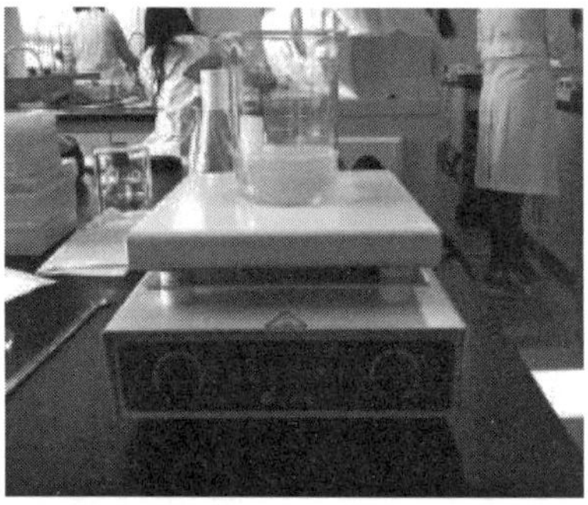

③ agar 1.5 g를 첨가하여 잘 섞는다.

④ 매스실린더를 이용하여 최종부피를 100 ㎖로 채운다. 멸균 테이프를 활용하는 것을 권장한다.

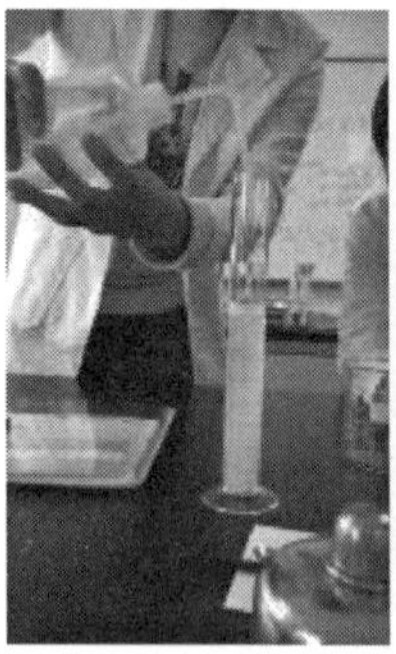

⑤ 고온습윤멸균기를 121℃, 15 min 맞추어 고압멸균을 진행한다.

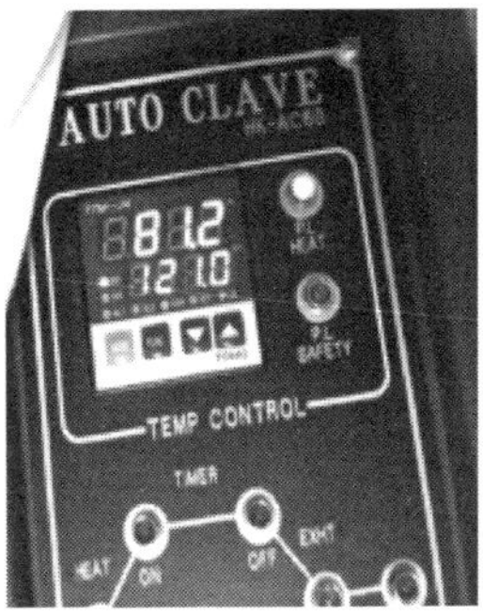

⑥ Plate에 배지를 평편하게 부어 clean bench에서 말려 둔다.

2) YPD 배지 제조

① 증류수 약 50 ㎖을 삼각플라스크에 넣는다.

② yeast extract 1g, peptone 2g 첨가하여 증류수로 녹인 후, 매스실린더를 이용하여 최종부피를 80 ㎖로 맞춘다.

③ glucose 20g 비이커에 첨가하여 물로 녹인 후, 매스실린더를 이용하여 최종부피를 20 ㎖로 맞춘다.

④ 두 용액을 별도의 용기에 담은 후, 멸균 테이프를 붙이고 고온습윤멸균기를 121℃, 15 min 맞추어 고압멸균 시킨다.

⑤ 살균한 두 용액을 상온으로 식힌 후에, clean bench에서 두 용액을 섞어서 최종으로 YPD 배지를 만든다.

⑥ 위에서 만든 배지를 시험관에 10 ㎖씩 분주 하여 둔다.

3) 미생물 접종

① LB agar plate에 spreading법 또는 streaking법을 이용하여 접종한다.

② YPD 액체 배지에 백금이를 이용하여 보관되어 있는 균을 접종한다.

③ 적절한 온도의 incubator에 12시간 이상 배양한다.

4. 고찰

1) 배지의 종류

– 조성원에 따른 배지종류

- 배지 사용목적에 따른 배지종류
- Bacteria, Yeast, Fungi에 따른 사용배지와 배양 조건 조사
- 배지에서 각 재료의 역할 조사

2) 멸균

- 멸균 방법의 종류 및 그 원리
- 각 멸균방법 시 주의할 점
- 포도당(glucose)와 질소원(yeast extract, peptone 등)을 별도의 용기에 담아 살균하는 이유

5. 필요기기

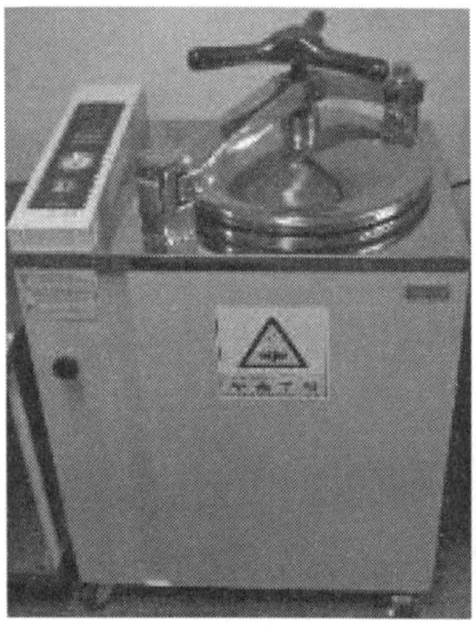

고온습윤멸균기

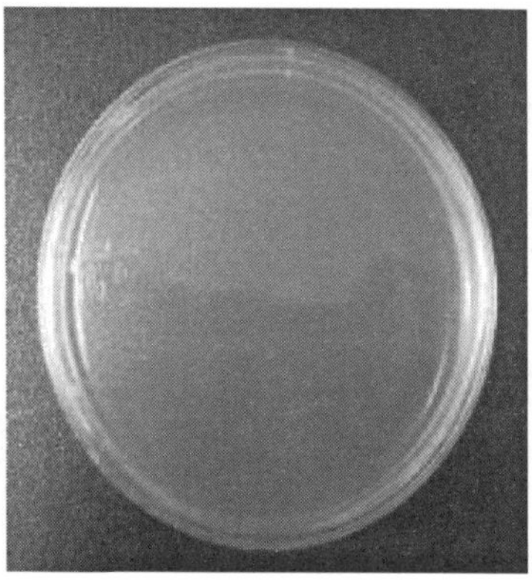

패트리-접시

알코올 램프

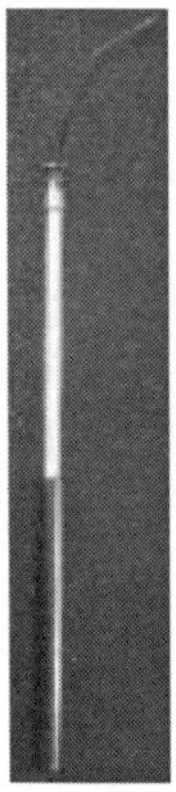

백금이

LB

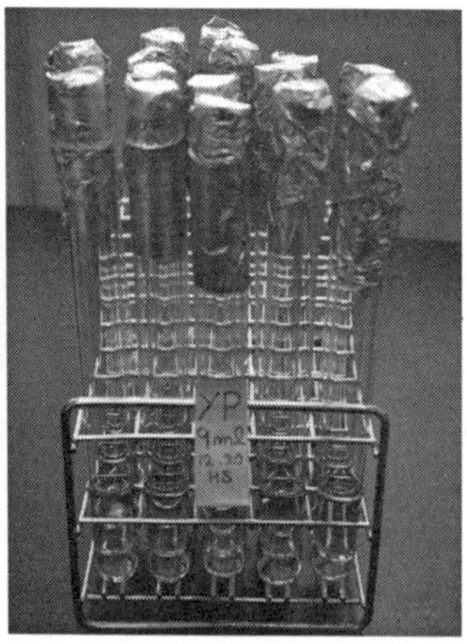

YPD

– 실험 보고서 2 –

실험 제목 :

실험 결과 및 고찰 :

참고문헌 :

실험 3

그람 염색법

이 론

미생물은 크기가 매우 작아 육안으로는 관찰이 어렵다. 따라서 현미경을 이용한 관찰이 필요한데 배지에서 배양한 미생물이 현탁되어 있는 상태에서는 투명하거나 색이 없기 때문에 현미경을 이용하여 육안으로 관찰하기 어렵다. 따라서 미생물을 관찰하고 특징을 살펴보기 위해서는 여러 염색방법을 이용하여 염색한 후 현미경으로 관찰하여야 한다. 염색에 사용되는 염색시약에는 벤젠고리를 함유한 유기 화합물을 이용하는 과 발색단(chromophore)이 결합되어 형성된 색소원(chromogen)에 이를 이온화시켜 착색기능을 부여하는 조색단(auxochrome group)을 결합시킨 물질로 띠게 되는데 전자를 산성 염색시약(acidic dye), 후자를 염기성 염색시약(basic dye)이라고 한다.

염색은 세포 성분 중 단백질이나 핵산 같은 거대분자와 chromogen의 정전기적 성질에 따라 결합하여 세포성분이 착색된다. 먼저 산성 염색시약은 염색시약이 이온화되면 색소원 부분이 음이온을 띠게 되고, 이것이 세포의 양이온 성분과 강하게 결합하여 염색된다. 이러한 산성 염색시약에는 피크리산(picric acid), 에오신(eosin), 나이그로신(nigrosin) 등이 있다. 염기성 염색시약은 염색시약이 이온화되면 색소원 부분이 양이온을 띠게 되고 이것이 세포의 음이온 성분과 강하게 결합하여 염색된다. 메틸렌 블루(methylene blue), 크리스탈 바이올렛(crystal violet), 칼볼 푹신(carbol fuchsin) 등이 여기에 포함된다.

이러한 염색시약을 이용한 세포염색은 세포의 형태학적 특성과 세포구조를 관찰하는데 도움을 준다. 이러한 목적에 대하여 세포염색법은 한 가지 염색시약을 사용하여 염색하는 단순염색(simple staining)과 두 가지 염색시약을 사용하는 분별염색(differential staining)으로 나뉜다. 분별염색에는 그람염색, 항산성 염색, 그리고 포자, 편모, 협막 염색 등이 있다.

그람염색법(Gram staining)은 1884년 덴마크의 의사 Hans Christian Gram에 의해서 처음으로 고안된 특수 염색 방법으로, 각종 균을 염색하여 현미경으로 관찰하며 감염 질환의 조기 진단에 이용된다. 현재는 많은 염색방법이 개발되었지만 그람염색법은 세균학에서 가장 많이 사용되고 있는 염색법이다. 세균의 분류에 있어서 그람염색법을 이용하여 탈색의 여부에 따라 그람양성세균과 그람음성세균으로 구분한다. 이 염색법은 당초의 목표와는 다르게 세균을 분류하는 것에 큰 기여를 하였다. 그람염색법에 의해 분류된 세균들은 양성 · 음성균 각각에서 구별되는 차이를 보였다. 예를 들어 화학요법제에 내한 감수성과 균의 증식에 필요한 영양소의 종류, 물리 · 화학적 자극에 대한 반응, 생산하는 독소, 병변 등에서 차이를 보였다. 따라서 그람염색법은 단순히 관찰을 위한 염색이 아닌 세균에 관련된 여러 방면에서 큰 의미를 가진다.

그람염색법은 네 가지 과정으로 이루어져 있다. 제 1단계인 염색과정은 염기성 색소인 크리스탈 바이올렛으로 염색하는 과정이다. 제 2단계인 착색과정은 염색된 세균에 iodine 용액을 처리하면 크리스탈 바이올렛과 요오드이 반응하여 세포 내에 불용성 복합체(CV-I:crystal violet-iodine complex)를 형성하는 과정이다. 제 3단계인 탈색과정은 착색된 세균에 탈색제인 알코올(alcohol)을 처리하면 불용성 복합체가 용해되는 과정이다. 제 4단계인 대조염색 과정은 분홍색의 염기성 색소인 사프라닌(safranin-O)으로 염색을 하면 백색으로 탈색되었던 그람음성세균은 분홍색으로 염색되는 과정이다.

이때 그람양성균은 자주색(또는 짙은 청색)으로, 그람음성균은 적색(또는 분홍색)으로 염색된 것을 관찰할 수 있다. 대표적인 그람양성균의 종류에는 포도상구균, 연쇄상구균, 폐렴균, 나병균, 디프테리아균, 탄저균 등이 있으며, 그람음성균의 종류에는 페스트균, 티푸스균, 이질균, 임균, 대장균, 스피로헤타, 콜레라균 등이 있다.

1. 실험목표

세균을 동정하기 위해 기본적으로 사용되며, 분류의 중요한 지표가 되는 그람염색법을 배우고 그에 따라 세균을 분류해본다.

2. 재료 및 기구

a) 재료 및 기구 : 슬라이드 글라스(slide glass), 커버글라스(cover glass), 백금이, 알코올 램프, 광학현미경(light microscope)

b) 그람양성(Gram(+))세균, 그람음성(Gram(−))세균

c) 크리스탈 바이올렛 용액 (95% crystal violet 1 g, 증류수 100 ㎖)
요오드 용액 (NaOH 0.4 g, Iodine crystal 2 g, Potassium iodide 0.1 g, 증류수 100 ㎖)
사프라닌 용액 (Safranin 0.1 g, Ethanol 5 ㎖, 증류수 50 ㎖)

3. 실험방법

기본적으로 염색을 위해 샘플을 제작하는 방법은 이전 현미경 관찰 실험방법과 동일하다.

① 슬라이드 글라스를 알코올로 깨끗이 닦아 슬라이드 글라스 표면의 불순물을 제거한다.
② 슬라이드 글라스 위에 증류수 한 방울을 떨어뜨린다.
③ 액체배지에서 18-24시간 배양한 균을 슬라이드 글라스에 소량 옮긴다.
④ 공기 중에서 건조시킨다. 또는 알코올 램프 위를 3,4회 통과시키면서 불꽃에서 건조 고정한다.

⑤ 크리스탈 바이올렛 염색시약을 충분히 가하고 약 20초간 염색한다.

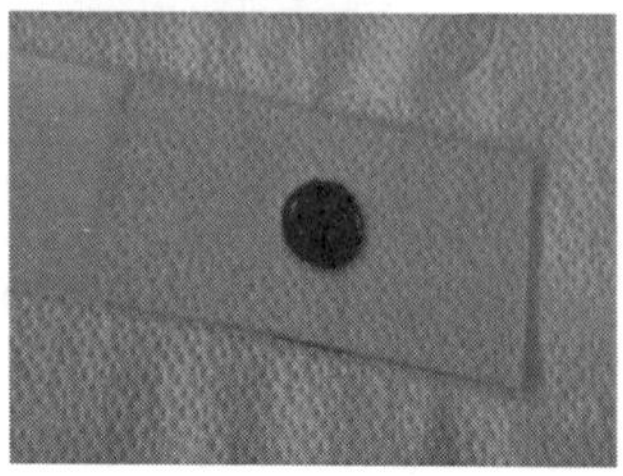

⑥ 염색시약을 증류수로 세척한다.

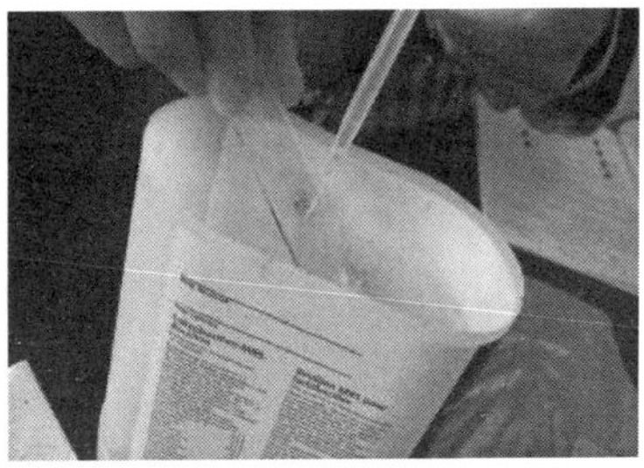

⑦ Iodine solution 매염제인 요오드 용액을 충분히 가하고 약 1분간 반응시킨다.

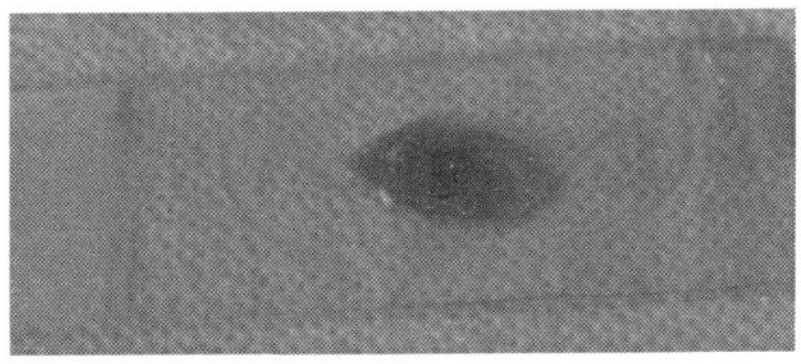

⑧ 탈색용액(ethanol 에탄올, 아세톤 등)을 사용하여 10~20초간 탈색시킨다.

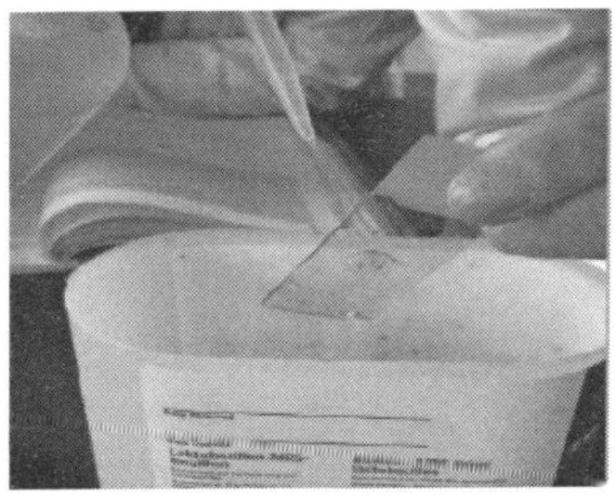

⑨ safranin O solution 사프라닌 용액을 가하고 30초간 염색 후, 증류수로 탈색제를 씻어낸다.

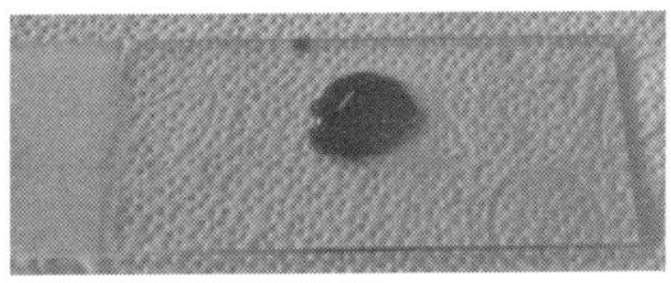

⑩ 공기 중에서 건조 후 현미경으로 관찰한다.

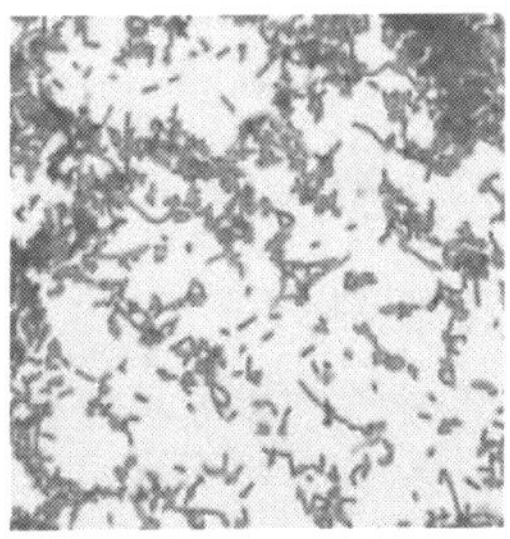

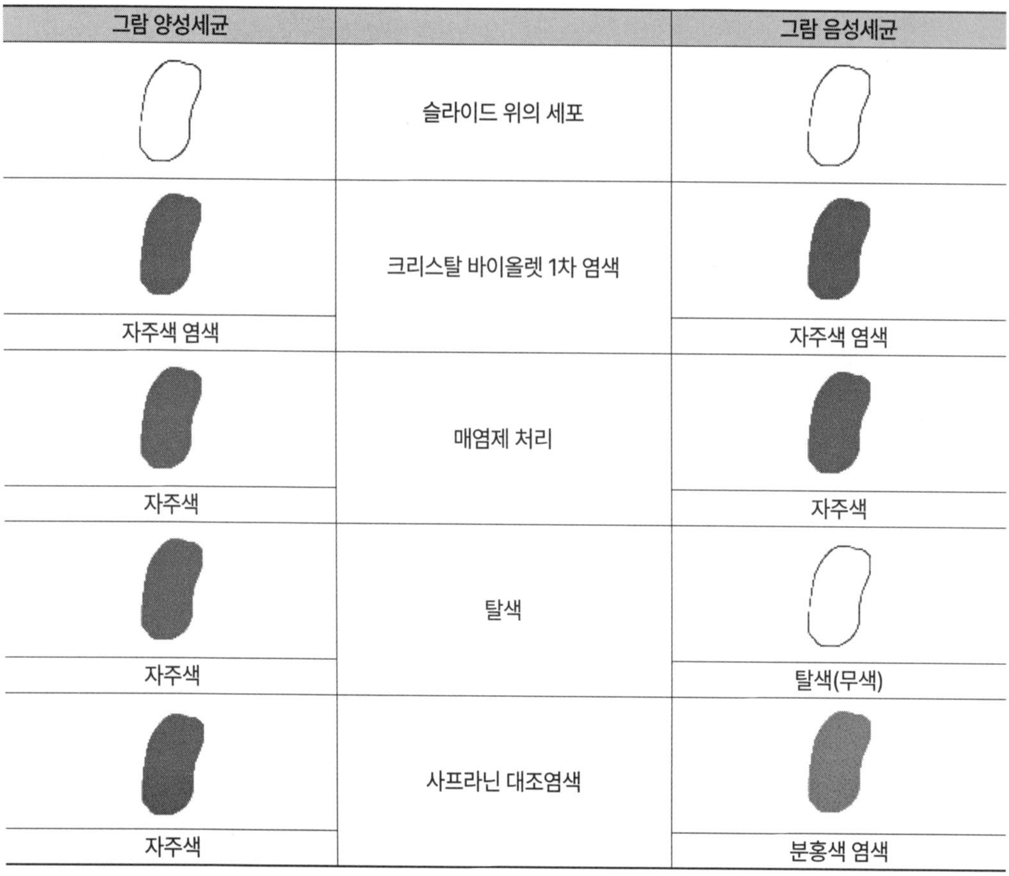

<그림 9-1> 그람염색 과정에 따른 색의 변화

4. 실험상 주의점

1) 도말이 고르지 못하거나 두꺼우면 탈색시간이 지연된다.

2) 탈색 시간을 길게 했을 경우 그람양성균이 탈색되어 그람음성균으로 보인다.

5. 고찰

1) 현미경을 이용 검경한 후 색변화에 따른 표본의 형태를 스케치

2) 검경한 샘플을 그람양성균과 그람음성균으로 구별해보고, 그 차이를 설명

- 그람염색법의 원리 및 사용되는 각각의 시약의 원리
- 순수배양 한 미생물의 콜로니 관찰

6. 필요기기

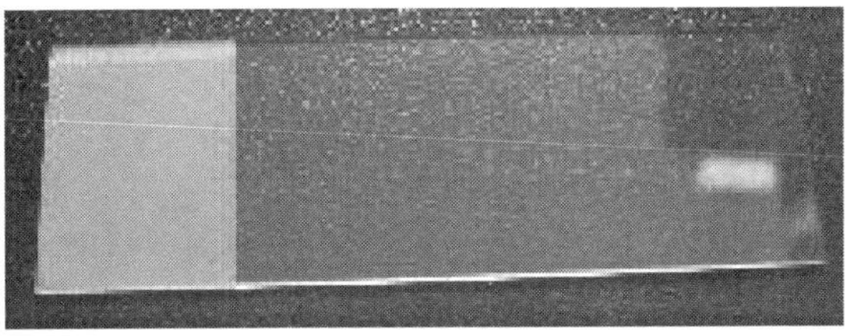

슬라이드글라스

커버글라스

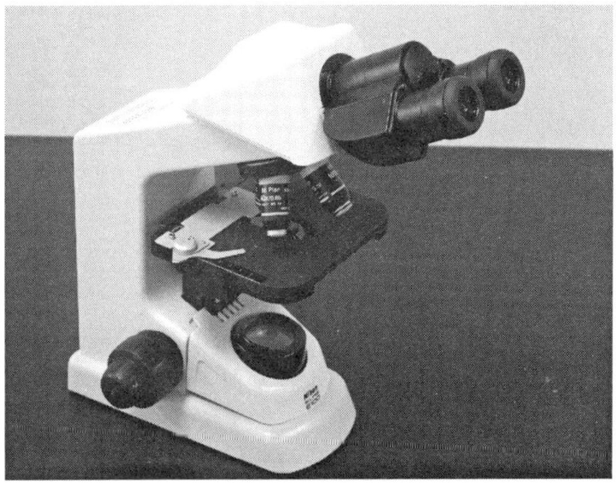

광학현미경

– 실험 보고서 3 –

실험 제목 :

실험 결과 및 고찰 :

참고문헌 :

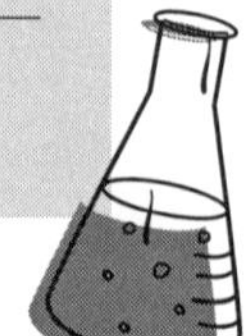

실험 4

곰팡이의 관찰

이 론

곰팡이는 광합성을 하지 않는 균사성 진핵생물로 정의할 수 있으며, 좁은 의미에서의 곰팡이는 전형적인 균사와 포자를 가지는 사상균(filamentous fungi)을 일컫는다. 곰팡이는 음식의 변질 및 무좀을 비롯한 각종 질병의 원인이 되기도 하지만, 치즈, 술, 된장 등의 발효 식품과 페니실린 등의 의약품 제조에 사용되기도 한다.

곰팡이의 분류는 유성 생식의 주기로 크게 나누기도 하지만, 유성세대가 불명확한 불완전 곰팡이의 경우 무성세대인 분생포자의 형태, 포자들이 달린 모양, 분생포자를 받혀주는 분생포자경의 형태로 분류하기도 한다.

1990년대 들면서, 편리하고 빠른 여러 분자유전학적인 방법의 이용으로 의학적으로 또는 미생물학적으로 중요한 종들의 분류 및 동정이 시도되고 있으나, 그 수가 아직 미미한 상태이며 대부분의 종들의 경우 형태학적인 방법에 의한 분류 및 동정이 유일한 수단인 상태이다. 또한, 종 동정을 시도할 때 참고할 기존 문헌들이 형태적인 특징들에 의존하고 있어서, 형태학적인 관찰은 종 동정의 마지막 단계로서 필수적으로 요구되고 있다.

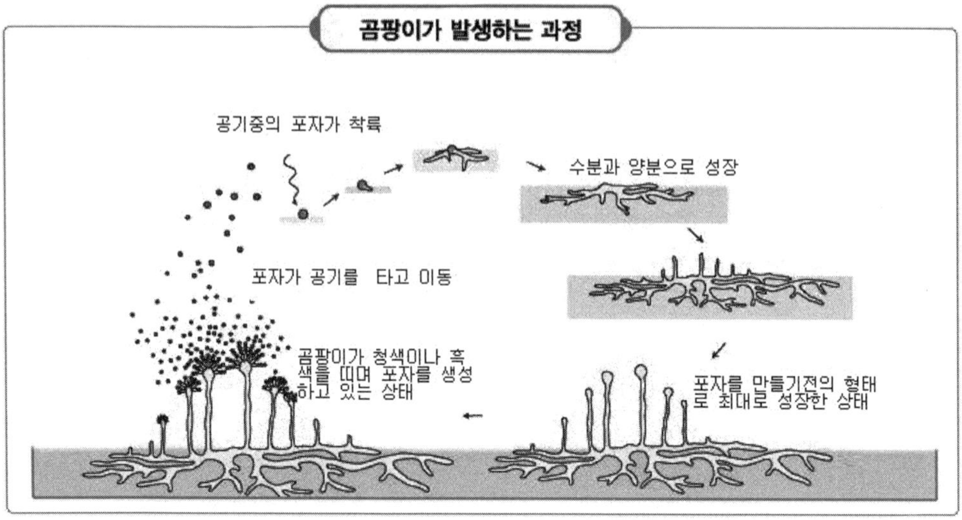

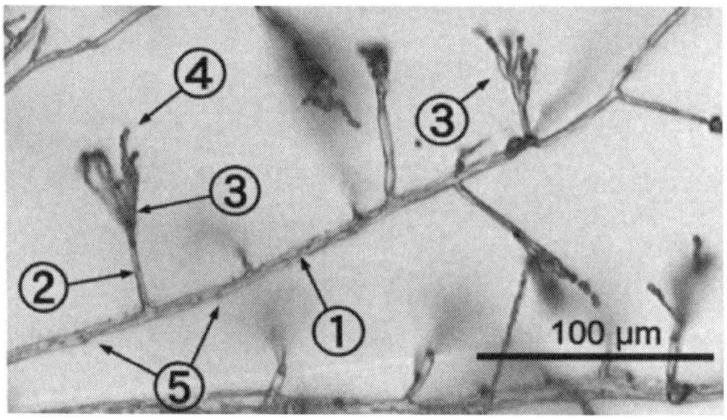

An environmental isolate of *Penicillium*

1. 균사(hypha) 2. 분생자경(conidiophore)

3. 분생사 형성 세포(phialide) 4. 포자(conidia; spore) 5. 격벽(septa)

1. 실험 목표

1) 현미경으로 관찰한 곰팡이의 포자 및 포자경의 형태를 묘사해본다.

2) *Aspergillus* sp., *Monascus* sp. 등 곰팡이를 관찰하고 구별해본다.

2. 재료 및 기구

1) 재료 : 배양된 곰팡이 균주 (*Aspergillus* sp., *Monascus* sp., *Penicillium* sp. 등)

2) 기구 : 광학현미경, 슬라이드 글라스, 커버글라스, 투명한 셀로판 테이프, 핀셋, 페트리 접시, 스포이드, 거름종이, 백금이, 알코올 램프, 1.5 ㎖ e-튜브, 삼각 플라스크

3) 배지 : Potato Dextrose Agar(PDA)

3. 실험 방법

① 곰팡이는 PDA배지에 접종하여 3~5일간 25~30℃에서 배양하여 준비한다.

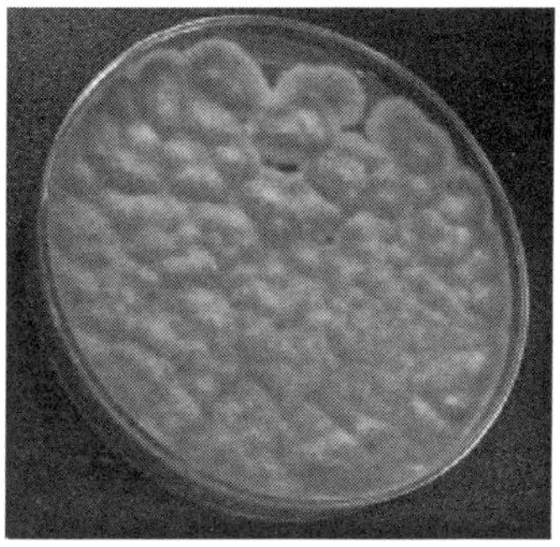

② 투명한 셀로판 테이프를 3~4 ㎝단위로 잘라 양끝을 손으로 잡고 끈적이는 가운데 부분을 곰팡이에 살짝 묻힌 후 커버글라스에 붙인다.(이때 기포가 생기지 않도록 주의하며 테이프와 글라스 사이의 빈 공산은 스포이드를 이용하여 물로 채운다)

③ 곰팡이 포자의 모양 포자들의 연쇄상 모양 등을 100배 배율로 광학현미경으로 관찰 후 그림으로 그린다.

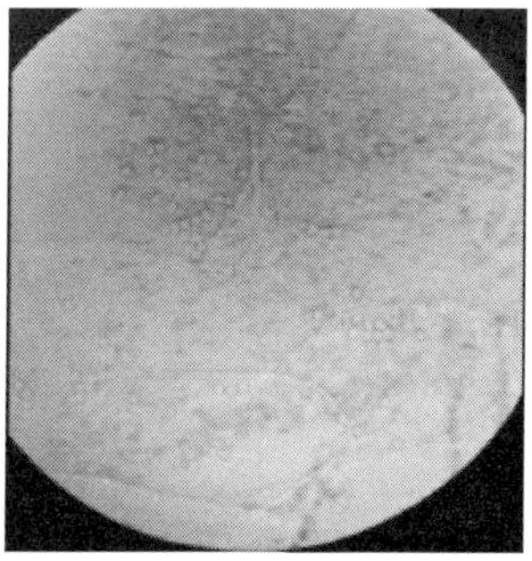

④ 균사의 격벽유무, 포자의 정확한 모양을 알기위해 백금이를 이용하여 포자를 살짝 뜬 후, 슬라이드 글라스에 물을 조금 올린 곳에 포자를 놓고 커버글라스로 덮은 후 관찰한다.

4. 고찰

1) 균체에 대한 조사
2) 곰팡이 사진
3) 곰팡이의 생활사/구조/번식방법
4) 페니실린의 효능 및 발견, 역사, 항생효과
5) 곰팡이를 이용한 식품
6) 곰팡이에 기인한 질병

– 실험 보고서 4 –

실험 제목 :

실험 결과 및 고찰 :

참고문헌 :

실험 5

미생물 세포의 생장 분석

이 론

미생물 개체는 일정한 기간을 두고 주기적으로 성장하며 개체수가 기하급수적으로 증가하게 된다. 하지만 일정 기간의 기하급수적 증식기를 지난 이후에는 성장 속도가 둔화되는 양상을 보이게 된다. 개체군의 수 또는 세포농도를 시간의 함수로 나타내면, 전형적인 S자형 곡선을 얻을 수 있게 된다. 개체군의 수 또는 세포농도를 시간의 함수로 나타낸 그래프를 미생물의 생장곡선 또는 증식곡선(growth curve)이라 한다. 이 증식 곡선은 각각 4가지 단계로 나뉜다.

1. 유도기 (잠복기, lag phase)

세포를 새로운 배지에서 접종한 이후에 세포가 배지와 환경(온도, pH 등)에 적응하는 시기이고, 세포의 내부에서 효소의 활성화 및 세포성분인 RNA등이 증가하는 화학 변화가 일어나는 시기이기도 하다. 세포 내의 RNA량이 현저하게 증가하며, 세포의 크기도 커지며 호흡활성도가 높은 시기이다.

2. 대수증시기 (대수기, exponential phage)

유도기를 지난 세포가 왕성하게 증식하는 시기로 세포의 수가 대수적으로 증식한다. 이 시기에는 세포의 생리 기능이 증가하면서 효소의 분비가 시작되고, 물리화학적 처리에 민감한 시기이다. 각 세포의 세대시간, 크기, 구성성분의 분포가 거의 동일한 시기이기 때문에 다양한 모델링을 통한 세포성장의 수학분석이 가능한 구간이다. 증식속도는 배지의 영양상태, pH, 온도, 산소분압 등의 환경요인에 의해서 결정된다.

3. 정지기 (휴지기, stationary phase)

대수기 이후에 균수가 일정해지며, 배양기간 중에 최대의 세포 수가 유지되며, 효소를 분비하게 된다. 일부의 세포가 사멸하고 일부의 세포는 증식하기 때문에 사멸수와 증식수가 거의 같은 상태를 유지하게 되는 단계이다. 또한 세포의 과밀화 때문에 영양물질의 고갈, 대사산물의 축적, 배지 내의 pH 변화, 산소공급의 부족 등 세포성장에 부적합한 환경이 조성되어 균수가 증가하지 않게 된다.

4. 사멸기 (death phage)

배양의 최종기로 균수 감소 시기이며, 사멸의 주된 원인으로는 핵산 분해효소, 단백질 분해효소 등에 의한 분해 또는 효소 단백질의 변성, 효소들에 의한 사멸 균의 자가 소화 등으로 세포가 용해되어 사멸하게 되는 단계이다.

세포 생장곡선

세포 개체군의 수 (또는 농도)의 변화를 시간의 함수로 표현한 그래프

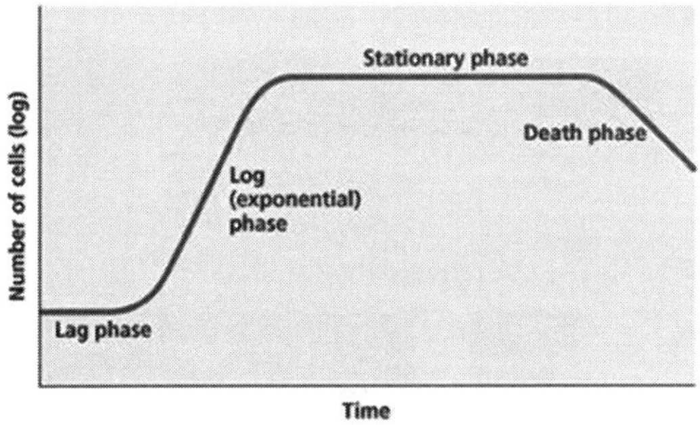

- 세균 : 이분법
- 효모 : 출아법
- 곰팡이 : 균사체 성장, 유사분열
- 진핵세포 : 무성,유성생식

모든 생물체의 개체군은 생물체 특유의 생장 곡선을 보유

세포의 성장은 수학적으로 예측이 가능함

세포의 정량법

● 세포 수 밀도 (Cell number density)

Hemocytometer (Petroff-Hausser Slide)

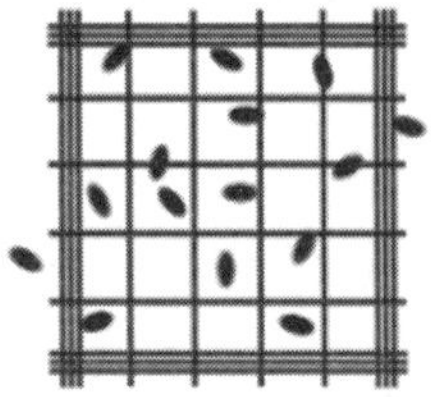

● Microscopic counting

Plate count

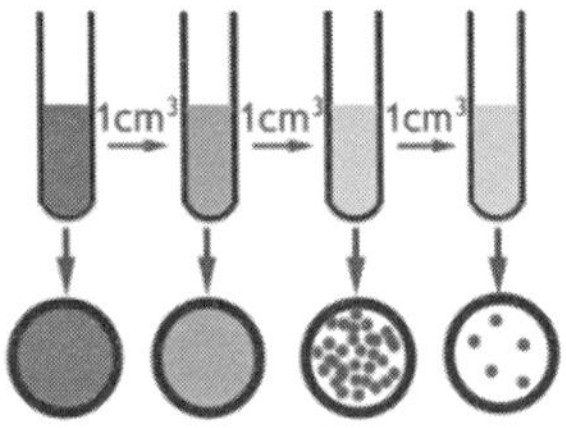

● Bacteria / Yeast 가능.
● Colony-forming unit (CFU, number/volume)

세포의 정량법

● 세포 질량 농도 (Cell mass concentration)
- Direct methods

Optical Density (OD)

● Absorption of light by suspended cells
● Visible wavelength : 600 ~700 nm

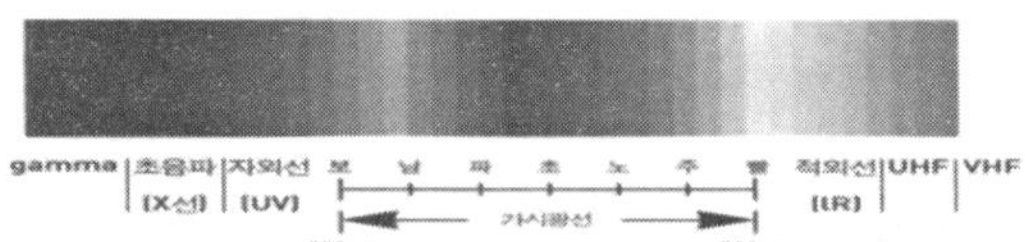

● Fast, inexpensive, simple

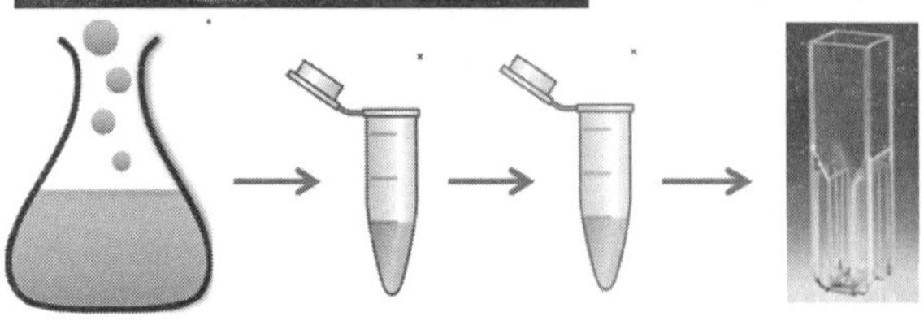

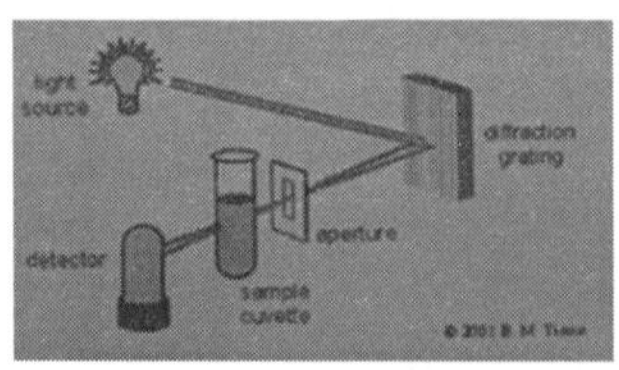

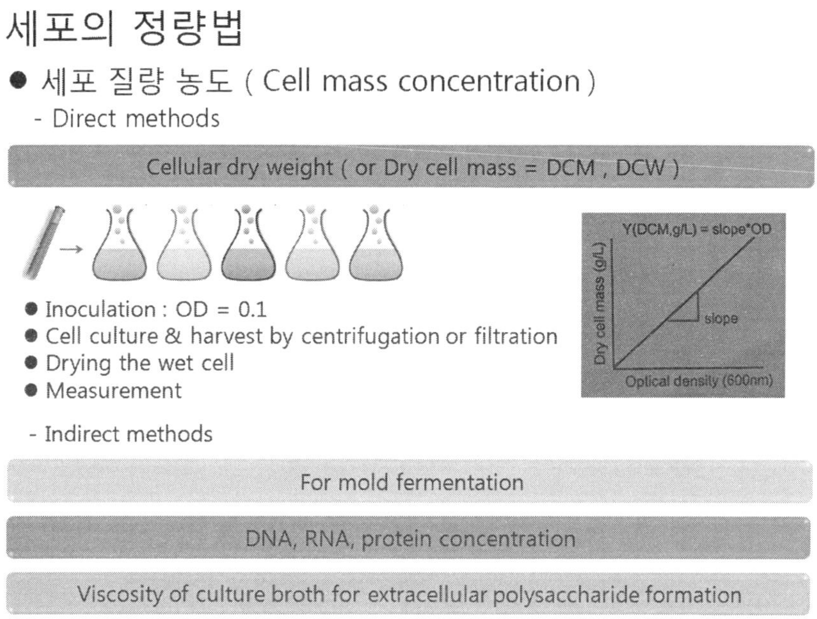

1. 실험 목표

1) 미생물의 성장과 분열과정을 이해한다.

2. 재료 및 기구

1) 재료 : 균주 (대장균)

2) 기구 : 테스트관(test tube), 마이크로피펫, 마이크로피펫 팁, 분광광도계(spectrophotometer), 큐벳(cuvette), 500 ㎖ 플라스크(baffle flask), 1.5 ㎖ e-튜브(1.5 ㎖ e-tube), 진탕배양기(shaking incubator), 알코올 램프, 백금이

3) 시약 : 증류수, LB broth (0.5% yeast extract, 1% tryptone), glucose (200 g/L)

3. 실험 방법

1) 전배양

① 테스트관에 5 ㎖의 LB broth를 준비한다.

② 페트리-접시(Petri-dish)에 배양한 대장균(*E. coli*)의 콜로니를 백금이를 이용하여 테스트관에 접종한다.

③ 37℃, 200rpm 조건으로 진탕배양기를 이용하여 12시간 이상 배양한다.

2) 본배양

① 멸균된 상태의 LB배지 95 ㎖에 준비된 대장균 배양액 5 ㎖를 접종하여 키운다. (37℃ 진탕배양기에서 약 200rpm으로 회전함)

② 배지(medium)의 O.D. (Optical Density)를 600 nm로 측정한다.

③ 0 time을 포함하여 매 1시간 마다 시료를 채취하여 희석한 후 큐벳에 넣고 흡광도를 측정한다. (희석배율은 O.D. 값을 보고 정정할 수 있다.)

④ 흡광도는 600 nm에서 측정하고, 0 time에서의 O.D. 는 0.08-0.1로 시작하는 것이 적당하다.

⑤ 배양시간에 따른 흡광도의 변화를 측정하고, 흡광도 결과를 conversion factor를 이용하여 대장균의 건조균체농도를 계산한다.

⑥ 시간에 따른 건조균체농도를 이용하여 세포성장곡선을 그린다.

4. 고찰

1) Hemocytometer

2) Plate count: Colony-forming unit (CFU)

3) Optical density 측정 원리

4) 건조세포농도와 optical density와의 관계

5) 세포를 600 nm에서 측정하는 이유

5. 필요기기

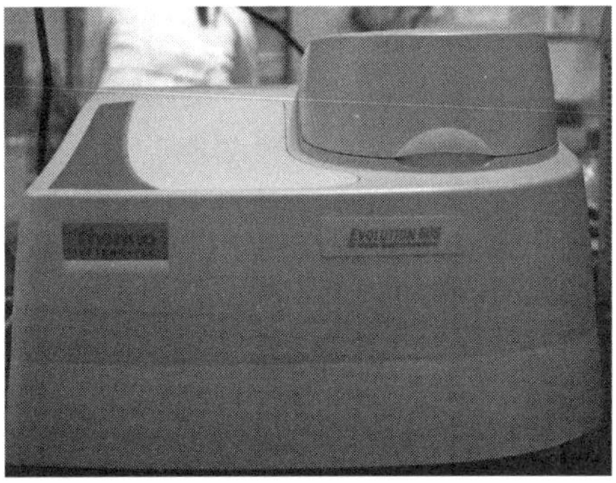
스펙트로포토미터

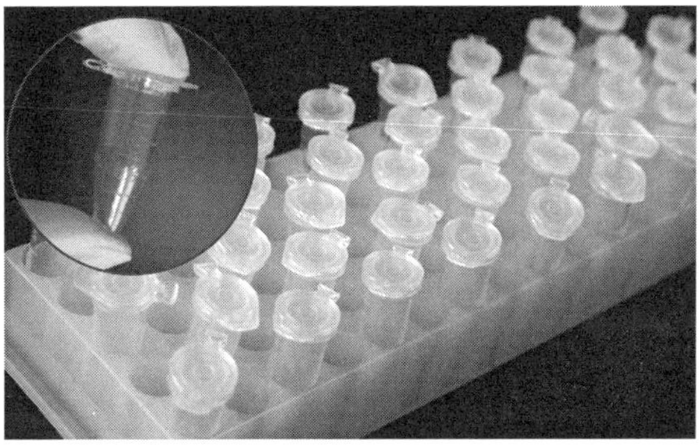
1.5 mℓ e-튜브

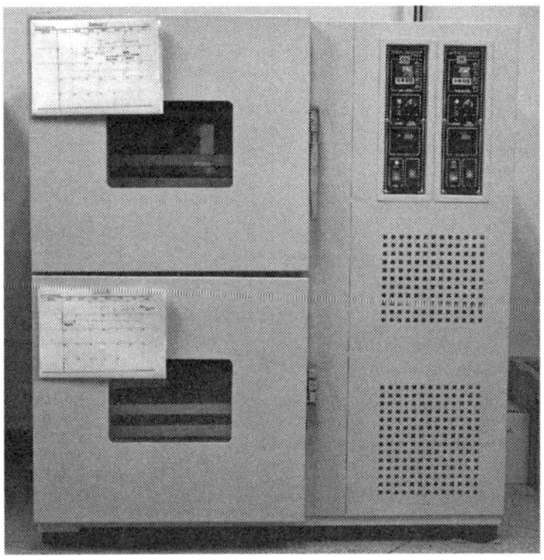
진탕배양기

클린벤치(clean bench)

플라스크

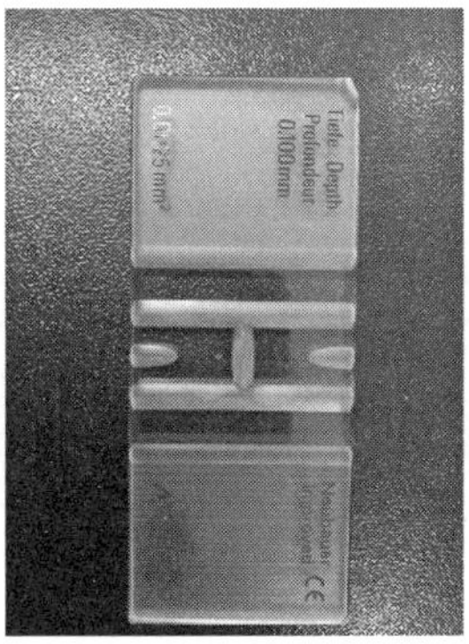
Hemocytometer

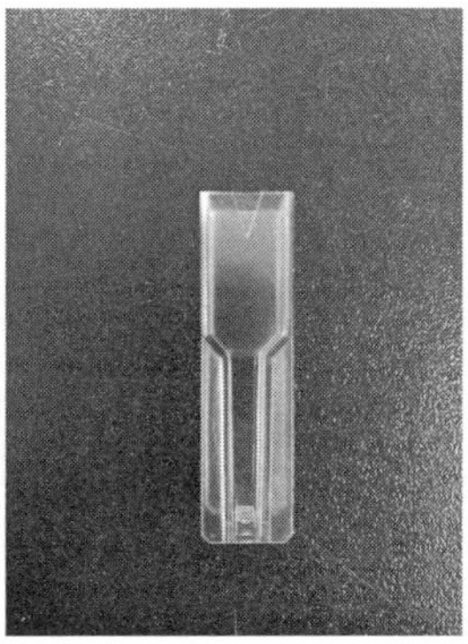
큐벳

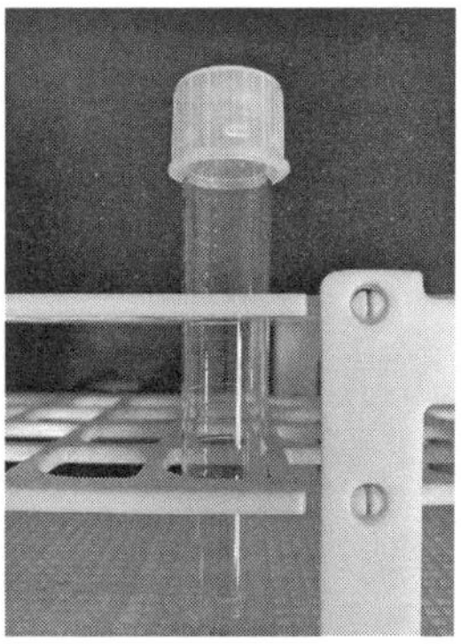
테스트 튜브

– 실험 보고서 5 –

실험 제목 :

실험 결과 및 고찰 :

참고문헌 :

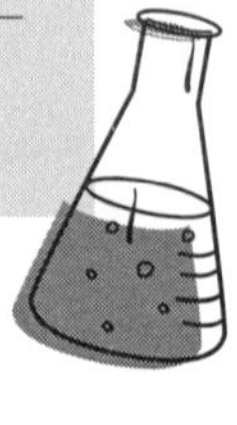

생물학 실험서

Part 03

동물 및 식물의 이해

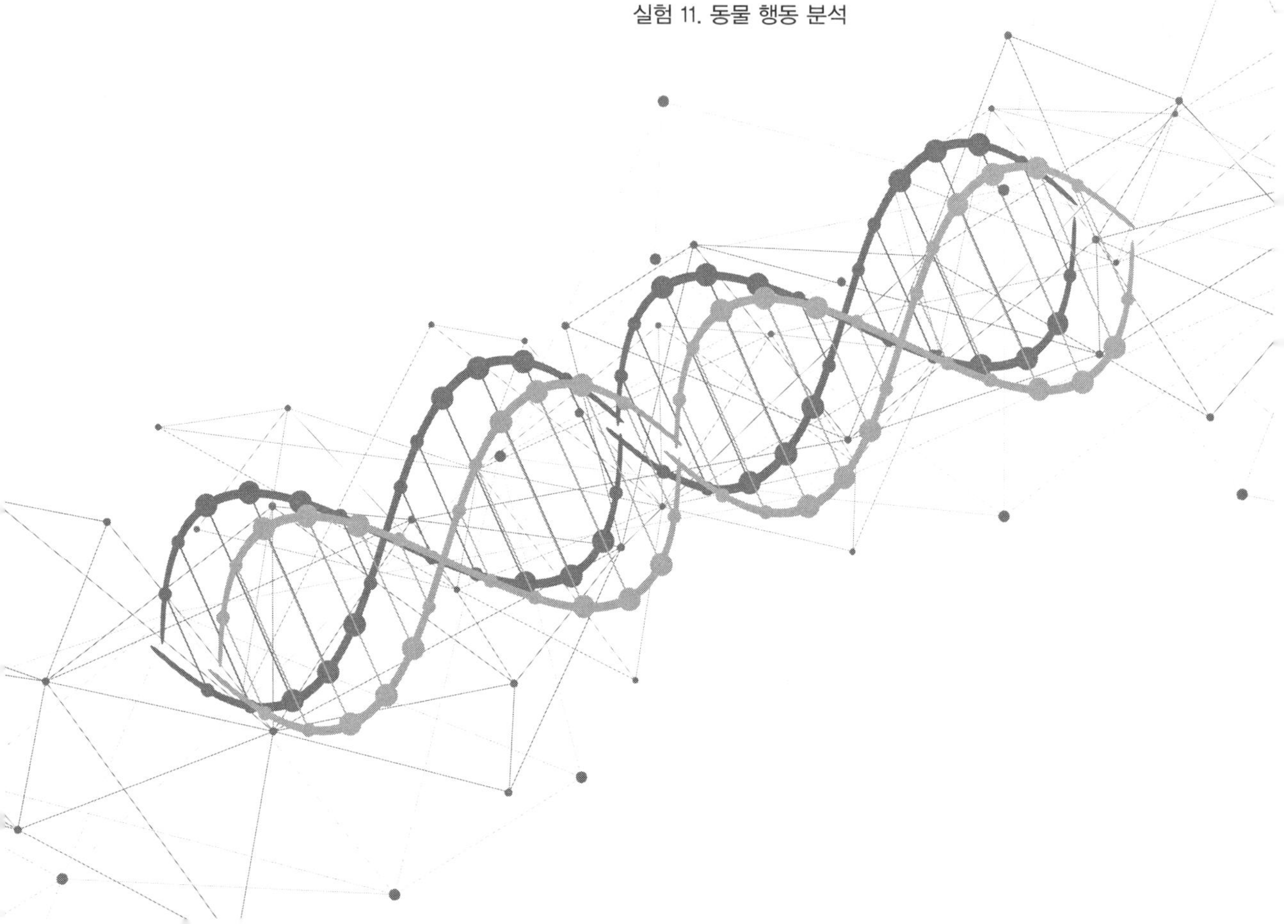

실험 6

동물 및 식물세포의 관찰

이 론

(1) 세포

모든 생명체의 기본단위는 세포이다. 특히 동물 및 식물세포의 공통점은 잘 분화된 세포 내에 여러 기관이 존재한다는 것이다. 동물세포와 식물세포의 차이점은 다음과 같다.

1) 동물세포

세포벽이 없고, 세포막인 원형질막과 그 안의 여러 기관으로 되어있다. 원형질막(cytoplasmic membrane)은 지질 이중층(lipid bilayer)으로 구성되어 있고, 염색체(chromosome)는 핵막(nucleus membrane)에 의해 세포질(cytoplasm)과 구분되어 있다. 그리고 에너지 분자를 생산하는 미토콘드리아(mitochondria)와 단백질을 합성에 관련이 있는 소포체(endoplasmic reticulum)와 리보솜(ribosome)이 세포질에 존재하며 만들어진 단백질을 활성을 보유할 수 있도록 변형시켜 운반하는 골지체(Golgi apparatus)와 음식물에서 영양분을 추출하거나 필요없는 물질을 분해하는 리소좀(lysosome)과 세포내 대사 과정 중에 발생한 유해한 물질을 분해하는 퍼옥시좀(peroxisome) 등이 있다. 세포질에는 여러 종류의 단백질과 지질 및 탄수화물이 혼합된 젤리 형태의 액상으로 구성되어 있고 과립상의 입자 등이 관찰된다.

2) 식물세포

동물세포와 비교하여 식물세포가 가지는 가장 큰 특징은 원형질막 바깥쪽에 셀룰로오스(cellulose)로 된 세포벽(cell wall)이 있어서 세포의 보호와 세포의 형태 유지 등을 담당하고 있으며, 엽록소(chlorophyll)가 들어있는 엽록체(chloroplast)를 보유한 것과 유기산, 단백질, 무기염 등이 들어있는 중심 액포(vacuole)가 잘 발달되어 있다는 것이다. 그 외에는 동물세포가 가지고 있는 미토콘드리아(mitochondria), 리소좀(lysosome), 소포체(endoplasmid reticulum), 리보솜(ribosome), 퍼옥시좀(peroxisome), 골지체(golgi apparatus) 등이 식물세포에서도 존재한다.

(2) 현미경의 원리

생물을 구성하는 세포를 관찰하려면 현미경이 이용된다. 무엇을 관찰하느냐에 따라 여러 종류의 현미경이 이용된다.

곤충의 미세한 구조와 같이 작은 생물의 겉모습을 관찰할 때는 해부현미경을 이용하고, 세포나 원생생물을 관찰할 때는 광학현미경을 이용하며, 좀 더 미세한 구조를 수만 배 이상으로 확대하여 관찰하고 싶은 경우에는 전자현미경을 이용한다. 또한 형광 현미경의 경우, 광원이 자외선이므로 시료의 형광반응을 관찰할 수 있고 위상차 현미경은 빛의 굴절률 차이의 원리를 이용하여 투명한 물체의 내부의 구조를 관찰할 수 있다.

광학현미경은 일반적으로 널리 쓰이는 현미경으로서 관찰 재료는 빛이 투과될 정도로 얇게 제작해야 하며, 집광렌즈를 이용하여 광선을 표본에 집중시켜, 각 부분의 빛의 투과정도에 따라 물체의 상을 보게 된다.

동물세포와 식물세포는 광학 현미경으로 관찰할 수 있지만 세포 내 여러 기관들은 거의 투명하게 보이는 관계로 직접 관찰할 수는 없고 특수한 염색약으로 염색해야 관찰이 용이하다.

1. 실험목표

1) 동물 세포와 식물 세포의 구조와 특징을 이해한다.

2) 동물 세포와 식물 세포의 기능적인 차이점을 이해한다.

3) 초파리의 침샘 거대염색체를 관찰한다.

2. 재료 및 기구

1) 실험체

구강세포, 양파, 초파리 3령 유충

2) 기구

광학현미경, 실체현미경(해부현미경: dissection microscopy), 슬라이드글라스, 커버글라스, 스포이드, 핀셋, 면도칼, 면봉, 핸드타올

3) 시약

70% 에탄올, 100% 에탄올, 1% 메틸렌 블루(methylene blue)용액, 아세토카민(aceto-carmine)용액, 1X PBS, 아세토-알코올(1:1, acetic acid:EtOH), 아세토-오르세인(45% acetic acid, 2% orcein), 1 N HCl, 식염수

3. 실험 방법

(1) 구강세포의 관찰

① 입안을 물로 깨끗이 행군 다음, 깨끗한 면봉으로 입 안쪽을 가볍게 여러 번 긁는다.

② 면봉에 묻어 나온 물질을 2장의 슬라이드글라스 위에 고르게 문지른다.

③ 한 장의 슬라이드글라스에는 증류수를 한 방울 떨어뜨리고, 다른 슬라이드글라스에는 1% 메틸렌블루 용액을 한 방울 떨어뜨린 후 커버글라스로 각각 덮는다.

④ 핸드타올을 이용하여 커버글라스 밖으로 나온 증류수나 염색액을 제거한다.

⑤ 현미경의 낮은 배율부터 높은 배율로 구강세포를 찾아 관찰한다.

(2) 식물 세포의 관찰

① 양파 안쪽을 가로, 세로 4~5 ㎜의 크기로 얇은 한 겹을 잘라낸다.

② 슬라이드 글라스 위에 물을 한 방울 떨어뜨리고 양파 안쪽이 위로 향하도록 놓는다.

③ 기포가 안 생기도록 커버글라스를 놓는다.

④ 현미경으로 관찰한다.

⑤ 현미경 관찰 후, 아세토카민 용액을 커버글라스 옆에 한 방울 떨어뜨려서 양파 세포를 염색한다.

⑥ 남은 액을 핸드타올로 제거한 후 5분 정도 경과하면 다시 관찰한다.

⑦ 염색 전후의 핵과 표피를 관찰한다.

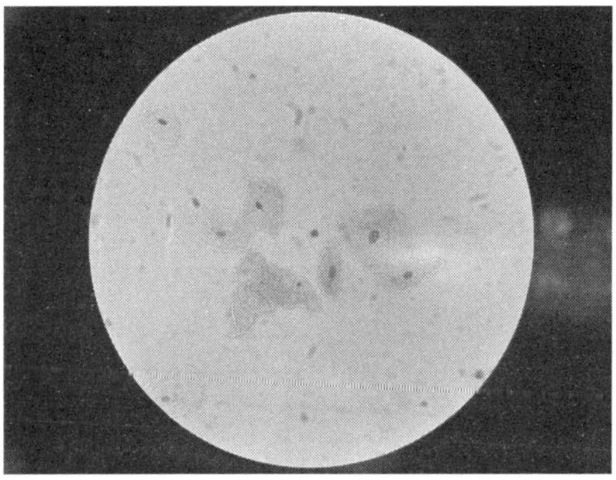

염색된 구강세포와 핵

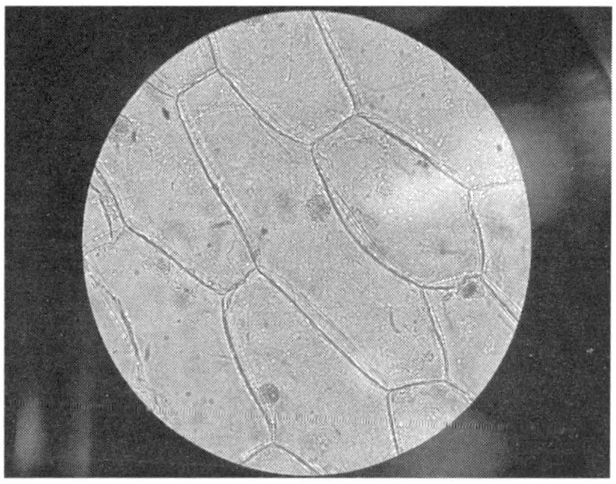

염색된 식물세포와 핵

(3) 초파리 침샘 거대 염색체 관찰

① 중간 정도의 크기의 초파리의 제3령 유충 1마리를 슬라이드 글라스에 올린 후 그 위에 1X PBS를 한 방울 떨어뜨린다.

② 유충를 다른 슬라이드글라스 위에 놓고 머리부분부터 제5 체절 부근을 한손의 핀셋으로 붙들고 다른 한손의 포셉으로 머리를 빼내어 머리에서 소화기, 침샘 순으로 나오는 것을 확인 후, 한 쌍의 주머니 모양의 침샘만을 남기고 나머지 부분은 조심스럽게 제거한다.

③ 휴지를 이용하여 1X PBS를 조심스럽게 제거 후, 아세토-알코올을 한 방울 떨어뜨린 후, 약 2분간 고정한다.

④ 휴지를 이용하여 아세토-알코올을 조심스럽게 제거 후, 1 N HCl을 두 방울 떨어뜨려 57℃에서 2분간 반응시킨다.

⑤ 휴지를 이용하여 1 N HCl을 조심스럽게 제거 후, 아세토-오르세인을 세 방울 떨어뜨린 후 페트리로 닫고, 10분간 기다린다.

⑥ 휴지를 이용하여 아세토-오르세인을 조심스럽게 제거 후, 45% 아세트산을 세 방울 떨어뜨린 후 페트리로 닫고, 3분간 기다린다.

⑦ 휴지를 이용하여 45% 아세트산을 조심스럽게 제거 후, 아세토-오르세인을 세 방울 떨어뜨린 후 커버글라스로 덮는다.

⑧ 새어 나온 염색액을 여과지 혹은 화장지로 닦아낸다.

⑨ 거대침샘염색체를 관찰한다.

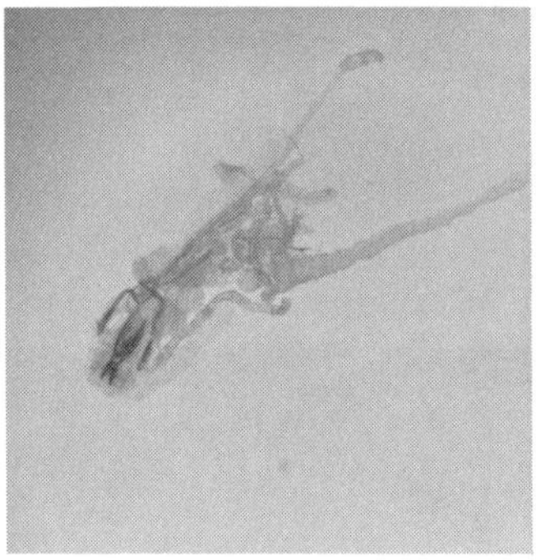
④단계의 모습

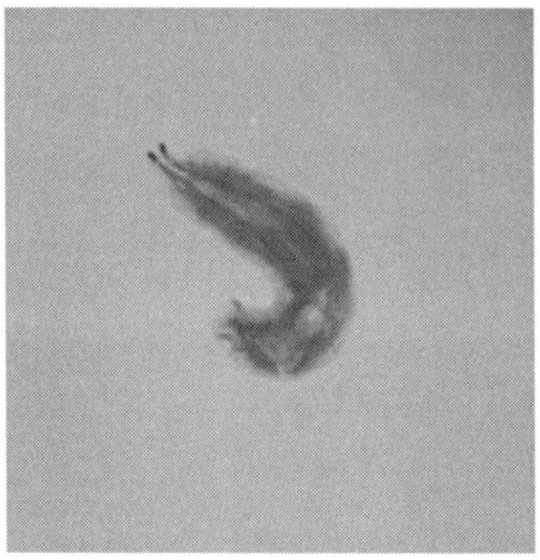
3령 유충

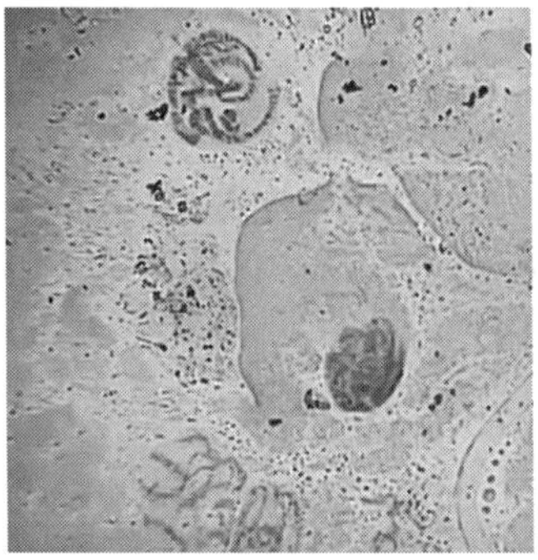
침샘염색체 관찰 (대물렌즈 10X)

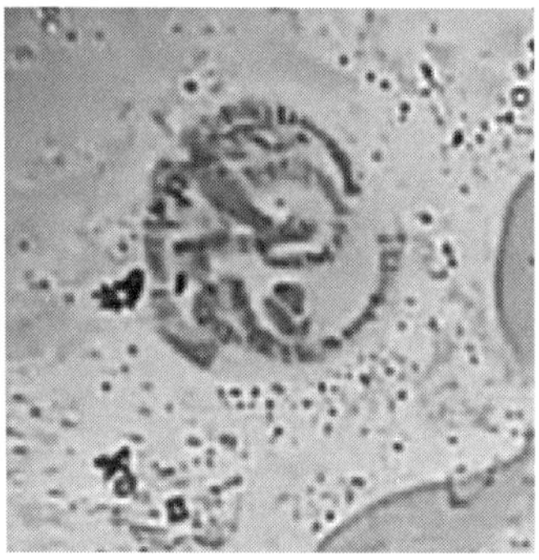
침샘염색체 관찰 (대물렌즈 40X)

4. 고찰

1) 동물세포와 식물세포의 구조 및 차이점

2) 광학 현미경의 구조와 사용법

3) 현미경의 배율 구하기

– 실험 보고서 6 –

실험 제목 :

실험 결과 및 고찰 :

참고문헌 :

실험 7

식물 잎의 색소 분리

이 론

광합성(photosynthesis)은 식물이 태양 에너지와 간단한 몇 가지 무기 물질을 이용하여 세포에 있는 엽록체에서 에너지 화합물을 합성하고 그 과정에서 산소를 만들어 내는 것이다. 이러한 광합성은 엽록체 내에서 일어나는데 엽록체에는 광합성에 관여하는 색소인 엽록소, 카로티노이드 등이 있다. 엽록소는 대표적인 광합성 색소로서 엽록소 a, b가 있으며 이는 약 3:1의 비율로 존재한다. 고등 식물에는 엽록소 이외에도 카로티노이드계의 색소를 함께 가지고 있으며 이 색소는 엽록소와는 다른 파장의 빛에너지를 사용하는 것에 관여한다.

크로마토그래피(Chromatography)는 시료의 성분들을 고정상과 이동상에 분포시켜 분리하는 방법으로서 최초의 크로마토그래피는 1906년 폴란드의 식물학자 M. Tswett가 $CaCO_3$를 충진시킨 유리관에 식물의 잎사귀에서 추출한 색소를 녹인 석유 ether 용액을 통과시켜 chlorophyⅡ a, chlorophyⅡ b, xanthophyⅡ 등을 발견한 것이었다.

오늘날에는 여러 종류의 크로마토그래피법으로 각종 물질의 분리, 검출, 정량 등 여러 방면에 널리 응용되고 있다.

1. 실험 목표

1) 크로마토그래피를 이용한 식물 색소 분리의 원리를 이해한다.

2) 분리된 광합성 색소의 종류를 알아본다.

2. 재료 및 기구

1) 재료 : 시금치

2) 기구 : 메스실린더, 거름종이, 막자 및 막자사발, 고무마개, 연필, 가위, 클립, 유리막대, 삼각 플라스크

3) 시약 : 에탄올, 아세톤, 톨루엔(toluene)

3. 실험 방법

① 시금치 잎을 막자사발에 넣고 잘 으깬 다음 에탄올과 아세톤의 혼합액(3:1)과 섞어 색소를 녹인다.

② 세로 12 cm, 가로 2 cm 크기의 거름종이를 준비한 후, 아래에서 위쪽으로 2 cm 되는 위치에 연필로 선을 그어 표시한다.

③ 거름종이에 표시한 선의 중앙에 시금치 색소 추출물을 유리막대 또는 마이크로피펫 팁 끝으로 조금씩 여러 번 찍어서 점적하여 말린다.

④ 유리로 된 메스실린더에 바닥으로부터 약 1 ㎝의 높이가 되도록 톨루엔을 조심스럽게 붓는다.

⑤ 고무마개의 클립에 거름종이를 붙이고 거름종이의 하단 약 1 ㎝가 톨루엔에 잠기게 한다.

⑥ 전개액이 거름종이의 상단에 도달하면 종이가 마르기 전에 전개액이 상승한 상단(용매 전선)과 분리된 각 색소의 위치를 연필로 표시하고 각 색소의 색깔을 기록한다.

⑦ 원점에서 용매 전선까지의 거리와 각 색소까지의 거리를 측정한다.

〈주의사항〉

메탄올, 아세톤, 톨루엔 등의 유기용매는 휘발성이 강하므로 직접 냄새를 맡지 않도록 주의하고 폐액은 반드시 회수하여 처리한다.

색소	이동거리(mm)	전개율(R_f)
전개용매		
엽록소 a		
엽록소 b		
카로틴(carotene)		
크산토필(xanthophyll)		

* 전개율 (Rf) = 원점에서 전개 된 색소의 거리/원점에서 전개 된 용매의 거리
* Rf값이 큰 것은 sample이 이동상과 친한 성분(비극성)이거나 분자량이 작은 것을 의미하며, 반대로 Rf값이 작은 것은 sample이 고정상과 친한 성분이거나 분자량이 큰 것을 의미한다.

4. 고찰

1) 각 색소의 기능과 구조 조사
2) 색소분리의 원리와 색소에 따라 전개율이 다른 이유
3) 단풍이 드는 원리
4) 크로마토그래피의 종류 및 원리
5) 아세톤과 에탄올을 사용하는 이유

5. 필요기기

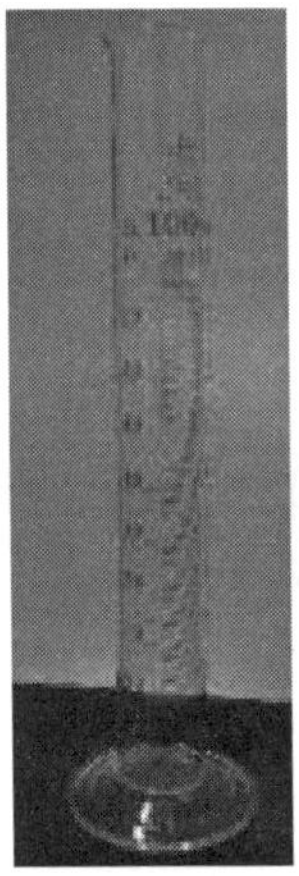

메스실린더

막자사발 및 막자

– 실험 보고서 7 –

실험 제목 :

실험 결과 및 고찰 :

참고문헌 :

실험 8

설치류의 해부학적 관찰

이 론

실험용 동물은 사람을 대상으로 하기 어려운 임상실험을 수행할 수 있도록 개발된 동물을 말하며 야생동물보다 비교적 온순하고 수명이 짧도록 개발된다. 유전적으로 면역 기능이 결핍되거나 특정한 질병을 갖게 하는 등 대부분 유전적으로 조작되어 있고, 실험 목적에 따라 종류나 크기, 나이 등을 다르게 선택하여 실험할 수 있다. 일반적으로 개, 원숭이, 쥐 등이 많이 이용되는데 그 중에서도 쥐가 수명이 가장 짧고 온순해서 관리하기가 쉬워 많이 이용된다.

실험용 쥐의 종류는 mouse (몸통크기 8~10 cm), rat (몸통크기 22~26 cm), guinea pig (몸통크기 25~40 cm)등이 있으며, 일주일을 기준으로 나이를 세고 '주령'이라 부른다.

1. 실험 목표

1) 동물체 각 기관의 위치 및 형태를 이해한다.

2) 기관간의 상호작용 및 기능을 이해하고 다른 포유류 동물에 적용해 본다.

2. 재료 및 기구

1) 재료 : mouse (8주령)

2) 기구 : 해부가위, 해부핀셋, 신문지, 장갑, 아크릴판, 테이프

3. 실험 방법

1) 쥐의 뒷목을 세게 누르고 꼬리를 빠르게 잡아 당겨 목뼈를 절단하는 방법으로 덜 고통스럽게 죽인다.(실험 목적이 해부일 경우에는 마취제를 사용하지 않는다.)

2) 외부형태를 관찰하고 그려본다.(사진도 가능)

3) 아크릴판에 사지를 테이프로 단단하게 고정한 후 항문 앞에서 경부까지 가위로 절개한다.

   * 다른 조직 및 기관에 손상을 주지 않도록 주의해야 함.

4) 내장기관에 손상이 가지 않도록 핀셋으로 복부 쪽의 가죽을 위로 들어 올린 후 경부부터 흉부까지 가위로 절개한다.

5) 가로막 윗부분인 흉골을 절단하여 열고 내부구조를 관찰한다.

4. 고찰

1) 각 장기의 기능과 상호작용

2) 실험용 쥐의 장 · 단점

– 실험 보고서 8 –

실험 제목 :

실험 결과 및 고찰 :

참고문헌 :

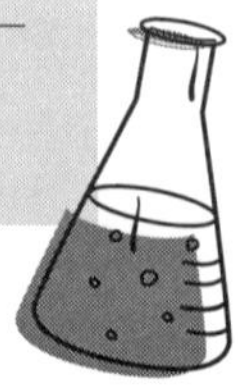

실험 9

혈구 관찰과 혈액형 분석

이 론

혈액(blood)은 혈관(blood vessel)을 통해 체내를 순환하면서 산소, 영양분, 호르몬, 대사에 의한 노폐물 등을 운반하는 운반작용과 pH 및 체온, 수분을 유지하는 조절작용, 항체 및 혈구를 운반하는 방어작용과 혈소판으로 인한 지혈작용 등의 기능을 보유하고 있다.

혈액(blood)은 액체성분인 혈장(plasma)과 세포성분(고형성분)인 혈구(blood corpuscle)로 구성되어 있다. 혈장은 대부분 물로 이루어져 있고 포도당(glucose), 단백질(protein), 지질(lipid), 무기염류(mineral) 등이 녹아있어 각 세포로 영양소를 운반할 수 있으며, 혈구에는 적혈구(erythrocyte), 백혈구(leukocyte), 혈소판(platelet)이 있다. 적혈구는 타원형의 혈구로 한가운데에 핵이 있고 헤모글로빈(hemoglobin)을 포함하고 있다. 헤모글로빈의 철분이 산소와 결합하여 각 세포로 산소를 공급해주며 이 결합 때문에 적혈구는 붉은색을 나타낸다. 백혈구는 주로 혈액이나 조직 내에서 이물질을 잡아먹는 식균 작용(phagocytosis)을 하거나 항체(antibody)를 형성하여 신체를 보호하는 기능을 하며, 과립성 백혈구(glanulocytes)인 호산구(eosinophili), 호염기구(basophili), 호중구(neutrophili)와 무과립성 백혈구인 림프구(lymphocyte)와 다핵구로 나눠진다. 혈소판은 혈액의 응고(blood coagulation)나 지혈작용(hemostasis)에 관여한다.

혈액형은 적혈구의 세포막에 있는 항원인 특수한 당단백질의 종류에 따라 A, B, O, AB형으로 분류된다. 이를 응집원(agglutinogen)이라고 하며 A형은 적혈구의 세포 표면에 A형 응집원을 갖고, B형은 B형 응집원을, AB형은 A,B형 응집원 모두를 가지며 O형은 응집원을 갖지 않는다. 이에 대응하는 응집소(aggulinin)는 응집원과 반응하여 응집을 일으키는 항체로, A형은 혈청 내에 항B 응집소(β)가 들어있고 B형에는 항A 응집소(α)가 들어있다. AB형에는 응집소가 없으며 O형에는 항A와 항B 응집소(α,β)가 모두 들어있다.

혈액의 기능과 구성

- 기능
  - 운반작용
    : 영양소, 가스, 호르몬의 운반
  - 조절작용
    : pH, 체온 조절, 수분 유지
  - 방어작용 : 면역
  - 지혈작용
- 구성
  - 혈구
    : 적혈구 (운반작용)
    백혈구 (식균작용)
    혈소판 (혈액응고)
  - 혈장
    : 물 90%, 혈장단백질(알부민,피브리노겐등)7~8%, 염분 0.9%, 포도당0.1%

적혈구의 구조

- 적혈구
  - 혈액세포 성분의 대부분을 차지
  - 무핵의 가운데가 오목한 원판모양의 세포
    - 포유류: 원판형이고 핵이 없음
    - 양서류,어류 : 타원형이고 핵이 있음
- 형태
  - 직경 :7.7um
  - 두께: 2.6um
  - 중앙 1um이하

•적혈구

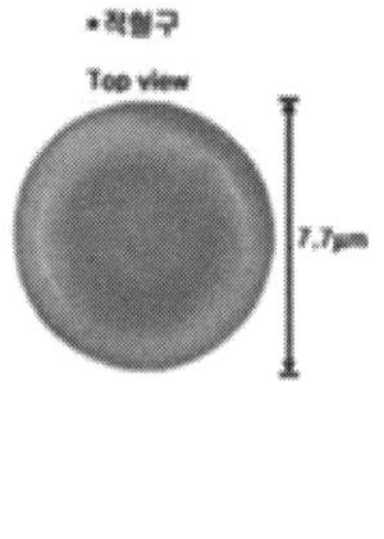

•헤모글로빈의 구조

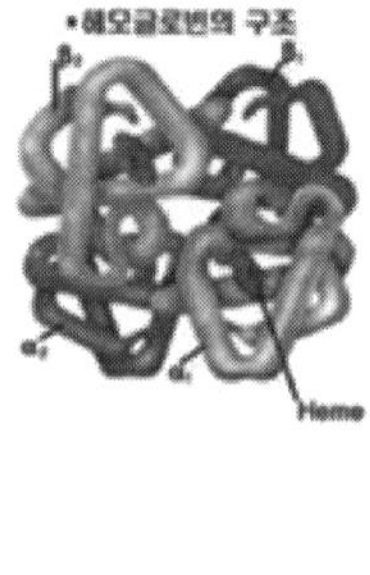

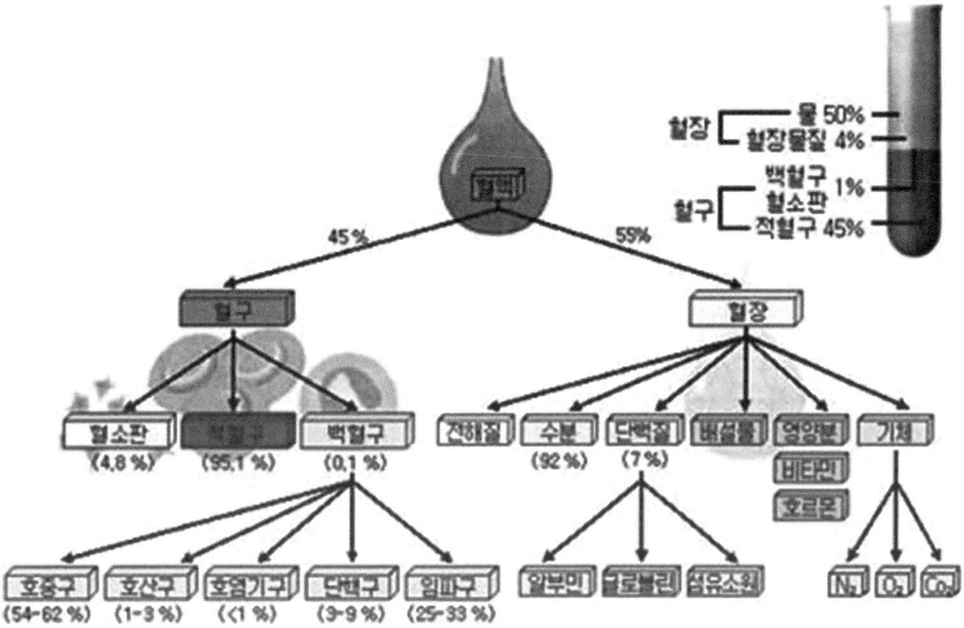

혈액의 구성 성분

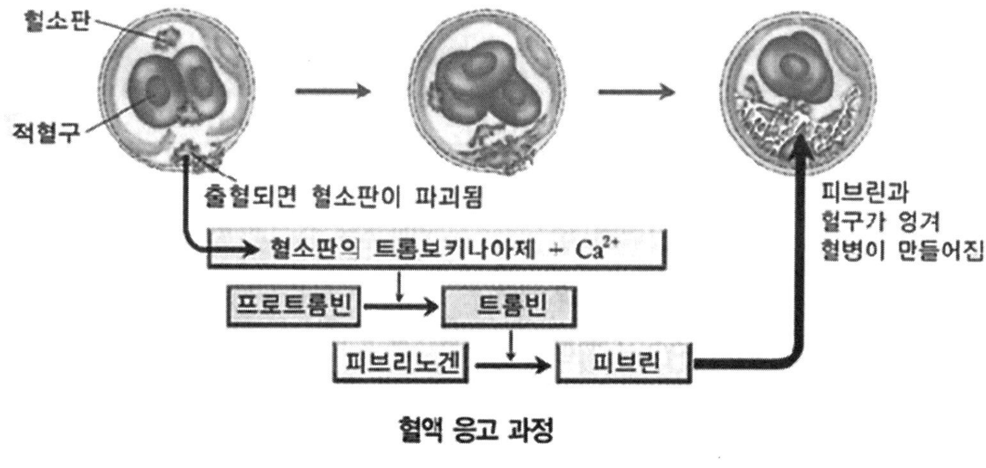

혈액 응고 과정

백혈구의 구조

과립성 백혈구	무과립성 백혈구
호산구 호중구 호염기구	림프구 다핵구

- 크기와 모양이 일정하지 않으며, 핵이 있는 세포로 식균작용과 면역반응에 관여.
- 과립구의 유무에 따라 분리.

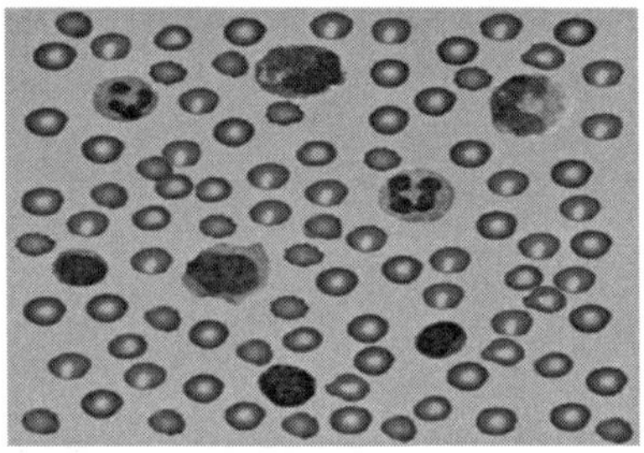

ABO식 항원-항체 반응

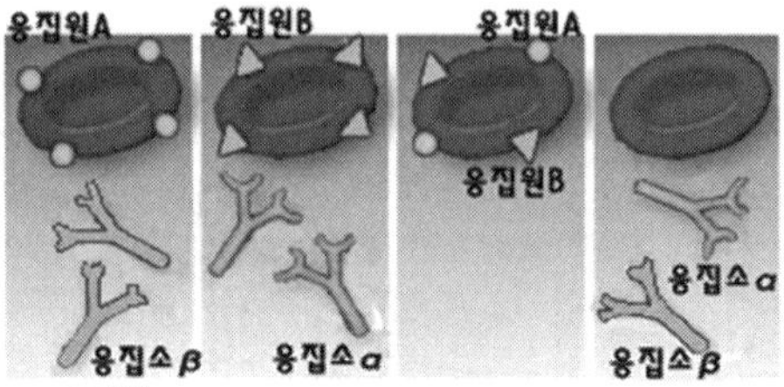

- 항원 : 림프구에 의해 특이적으로 인식되고 면역반응을 유발하는 외래분자
- 항체 : 이러한 항원을 인식하고 결합하여 외래분자를 제거하는 반응을 도와주는 물질

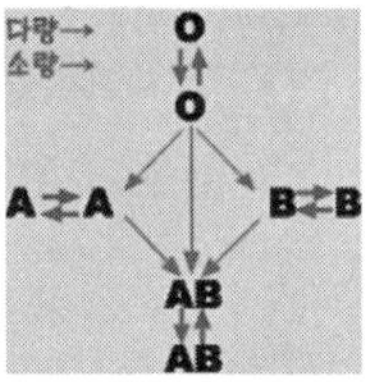

(혈액형 수혈 모식도)

1. 실험 목표

사람의 혈액 중 혈구를 구성하는 세포의 구조적 차이를 현미경을 통해 비교하고, 혈액형 판정방법과 원리를 이해한다.

2. 재료 및 기구

1) 재료 : 혈액

2) 기구 : 광학현미경, 란셋, 마이크로피펫, 마이크로피펫 팁, 알코올램프, 슬라이드글라스, 커버글라스, 비닐장갑

3) 시약 : 표준혈청(항A, 항B 혈청), 3.8% 구연산나트륨(sodium citrate solution), 70% 에탄올, 라이트염색액 또는 김자염색액(Wright 또는 Giemsa stain), 증류수

3. 실험 방법

1) 혈액형 분석실험

① 한 슬라이드글라스 위에 항A혈청과 항B혈청을 각각 한 방울씩 떨어뜨린다.

② 손가락 끝을 70% 에탄올로 소독한 후 일회용 란셋으로 찔러 핏방울이 맺히게 한다.

③ 피펫으로 소량의 혈액을 취하여 항A · B혈청과 섞고 피펫 팁을 이용하여 잘 섞어준다.

④ 응집반응을 관찰한다.

2) 사람의 혈구세포 관찰

① 두 개의 슬라이드글라스를 준비하고, 준비한 혈액을 첫 번째 슬라이드글라스에 떨어뜨린다.

② 첫 번째 슬라이드글라스의 혈액에 구연산나트륨 용액을 한 방울 떨어뜨리고 피펫 팁을 이용하여 잘 섞어준다.

③ 커버글라스를 덮고 현미경으로 혈구세포를 관찰한다.

④ 두 번째 슬라이드글라스의 끝 쪽에 혈액을 떨어뜨린 후, 다른 슬라이드 글라스로 가운데 쪽으로 혈액을 얇게 밀면서 도말한다.

⑤ 혈액을 도말한 쪽이 위를 향하게 슬라이드글라스의 끝부분을 들고 알코올램프의 불 위에서 좌우로 흔들면서 순간적으로 말린다.

⑥ 마른 혈액 위에 라이트용액(김자액)을 떨어뜨리고 5분간 둔다.

⑦ 증류수로 가볍게 씻어낸다.

* 혈액이 씻겨 나갈 수 있으므로 주의해야 함.

⑧ 증류수가 약간 남아있는 상태에서 커버글라스를 덮고 현미경으로 관찰한다.

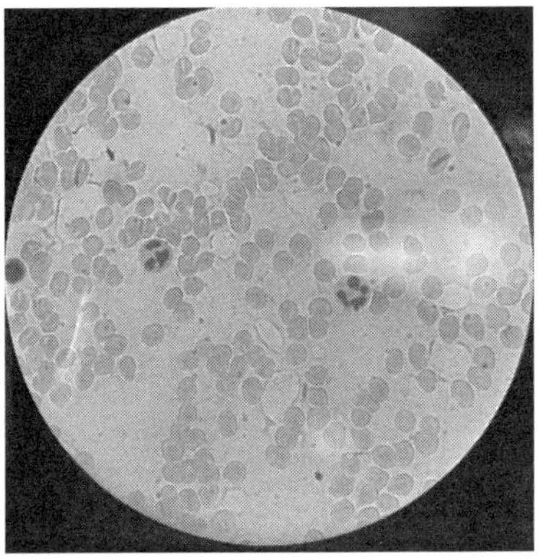

염색 후의 혈구 관찰

4. 고찰

1) 혈액과 혈구세포의 기능
2) 혈액형 분석실험의 원리
3) 혈액 응집 반응과 그 결과에 따른 혈액형 판단
4) 혈액의 응고 과정과 실험에서 구연산나트륨 용액을 사용한 이유

5. 필요기기

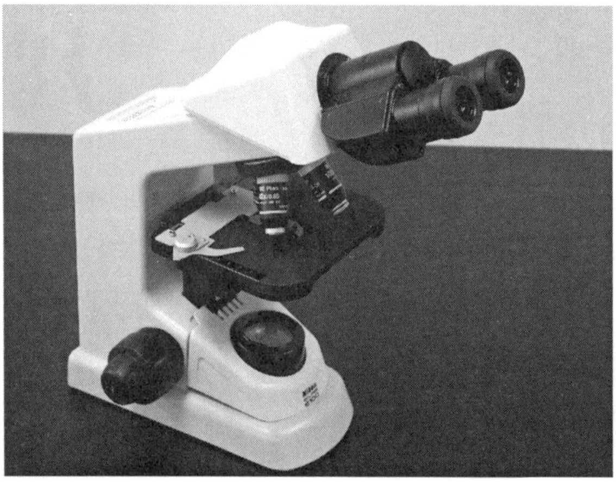
광학현미경

커버글라스

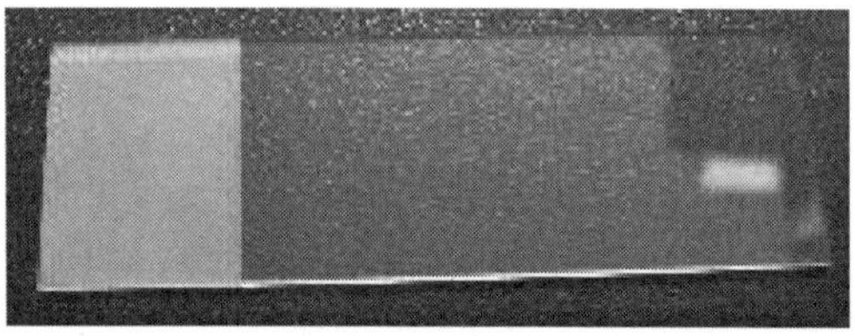
슬라이드글라스

– 실험 보고서 9 –

실험 제목 :

실험 결과 및 고찰 :

참고문헌 :

실험 10

표현형 관찰을 통한 멘델의 유전법칙 이해

이 론

인간은 23쌍의 염색체 중, 22쌍의 상동염색체, 1쌍의 성염색체를 갖는다. 동물마다 가지고 있는 염색체의 쌍은 다른데, 초파리는 X, 2nd, 3rd, 4th 염색체를 가지고 있다. 초파리는 실험동물로서 오랫동안 이용되어 왔으며, 그 중 유전학에 큰 기여를 한 것은 밸런서(balancer)이다. 밸런서는 우점표현형(dominant expression)을 가지며, 열성 치사(recessive lethal)이며, 밸런서를 갖는 염색체는 많은 역위(inversion)에 의해서 상동염색체간의 서로 유사한 부위가 마주하고 있지 않아서 재조합(recombination)이 일어나지 않는다. 또한, X 염색체의 기능이 초파리의 눈 색깔에 영향을 끼치는 유전자 연구로 처음 밝혀졌는데, 관련한 유전학적 교잡을 직접 해보고자 한다.

초파리의 유전학적 교잡을 위해선 반드시 처녀(virgin female)를 실험에 활용하여야 한다. 왜냐하면, 초파리 암컷은 처음 교배를 한 수컷과의 자손을 낳는 경향이 있다. 본 연구를 위해 해부현미경을 활용하여 암컷과 수컷을 구분하고, 처녀를 구분하여 직접 유전학적 교배를 실시함으로써 표현형에 기반한 유전형 예측을 해보고자 한다.

또한, 다양한 밸런서의 표현형을 직접 관찰함으로써 유전법칙에 맞게 적용해 보고자 한다.

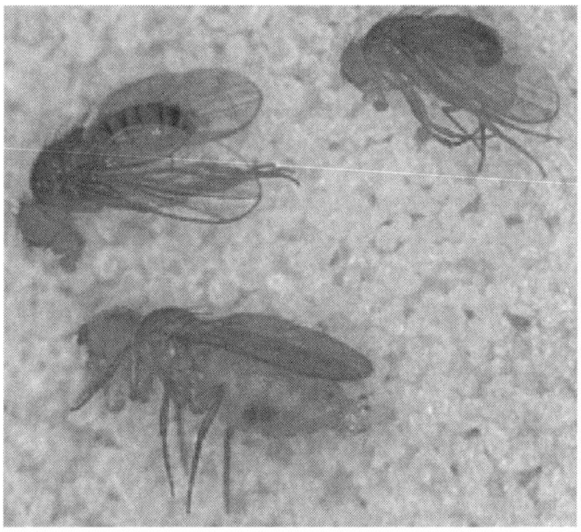

암컷(왼쪽 위), 수컷(오른쪽 위),
처녀암컷(왼쪽 아래)

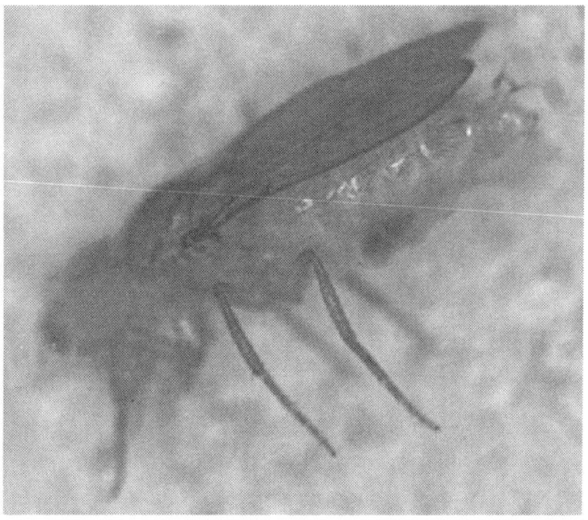

처녀 암컷

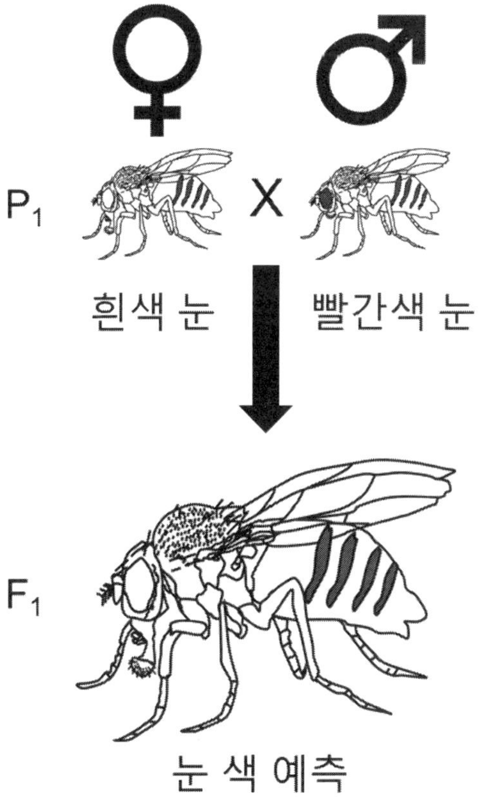

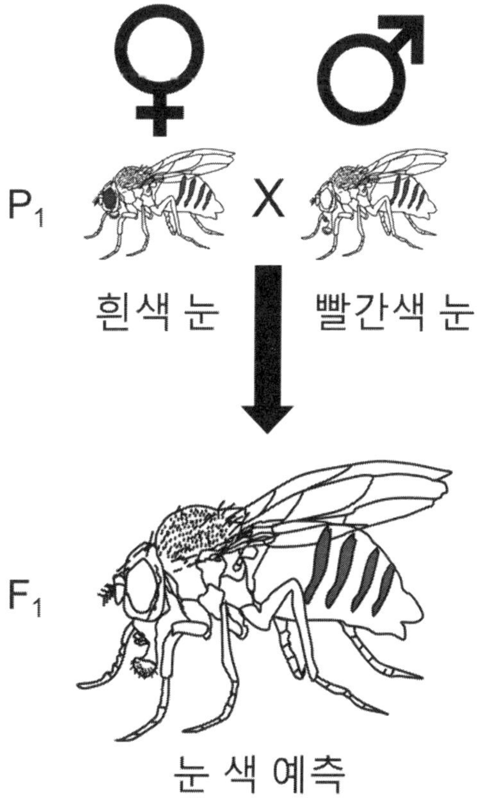

1. 실험 목표

1) 초파리를 암컷, 수컷, 처녀 암컷을 고른다.

2) 빨간색 눈과 하얀색 눈을 교배를 통해 특이점을 관찰한다.

2. 재료 및 기구

1) 실험군 : 흰 눈을 갖는 초파리, 빨간 눈을 갖는 초파리

2) 기구 : 실체현미경(해부현미경: dissection microscopy), 붓

3. 실험 방법

① 흰 눈을 갖는 초파리와 빨간 눈을 갖는 초파리를 관찰한다.

② 외부형태를 관찰하고 그려본다.(사진도 가능)

③ 초파리(P_1)를 교배시켜 다음 세대를 예측한다.

- 흰 눈을 갖는 처녀 암컷 초파리와 빨간 눈을 갖는 수컷 초파리
- 빨간 눈을 갖는 처녀 암컷 초파리와 흰 눈을 갖는 수컷 초파리

④ 태어난 다음 세대(F_1)를 관찰하고 그려본다.(사진도 가능)

4. 고찰

1) 초파리의 세대별 모식도 그리기

5. 실험기기

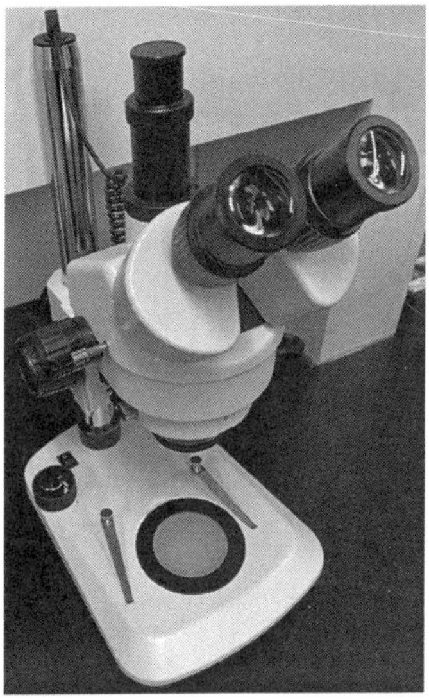

실체현미경

붓

– 실험 보고서 10 –

실험 제목 :

실험 결과 및 고찰 :

참고문헌 :

실험 11

동물 행동 분석

이 론

생물은 자극(stimuli)에 대한 반응(response)을 한다. 인간은 자당 혹은 카페인과 같은 화합물이 혀에 닿으면, 단맛(sweetness) 혹은 쓴맛(bitterness)을 느끼게 되며, 혀의 화합물 수용체(receptor)가 특정 화합물과 결합하고, 뇌로 전달되어 맛을 느낄 수 있다. 동물도 마찬가지로 맛을 느끼게 되면, 화합물에 대한 선호도(P.I.=preference index)가 각각 다르다. 특히 생물에게 유해한(toxic) 화합물은 쓴맛을 갖는 경우가 대부분이며, 화합물을 기피(avoidance)하게 된다. 반면에, 자당(sucrose)는 단맛을 내며, 영양분으로 사용할 수 있어 선호(preference)한다.

초파리는 주로 한 쌍의 주둥이(단수: labellum, 복수: labella)에 존재하는 센털(sensilla)의 미각수용체로 맛을 감지한다. 주둥이뿐만 아니라 다리와 날개, 장내의 미각 수용체가 존재하여 맛을 감지할 수 있다.

본 장에서는 단맛을 내는 자당에 대한 초파리의 선호도를 확인할 것이다. 낮은 농도(1 mM)의 자당과 상대적으로 5배 높은 농도(5 mM)의 자당을 선택하여 먹게 할 것이다. 두 먹이 선택 시험법(binary food choice assay)는 두 먹이 중 어떠한 먹이를 선호하는지 조사하는 시험법이다. 각각의 먹이에는 붉은 염색약과 푸른 염색약이 들어있으며, 섭취한 먹이에 따라 초파리의 복부(abdomen)의 색이 변화하게 된다. 이 먹이는 고체화하기 위해 1% 아가가 포함된다. 두 종류의 먹이는 72-웰 플레이트(72-well plate)에 지그재그 패턴으로 분주되며, 아래의 그림과 같이 만들어지며, 초파리는 시험 18시간 전부터 굶기며, 준비된 72-웰 플레이트에 넣고 1시간 반 동안 먹이를 섭취하게 된다. 선호도는 먹이를 먹은 초파리의 복부 색을 세어 다음과 같이 계산한다.

$$\text{선호도}=(N^{\text{푸른 배의 개수}}-N^{\text{붉은 배의 개수}})/(N^{\text{푸른 배의 개수}}+N^{\text{붉은 배의 개수}}+N^{\text{보라 배의 개수}})$$

1. 실험 목표

1) 초파리의 자당에 대한 행동분석을 한다.

2. 재료 및 기구

1) 재료 : 초파리 50-60마리
2) 기구 : 실체현미경, 붓, 포셉, 휴지, 호일, 바이알, 바이알 플러그, 배양기, 72-웰 플레이트
3) 시료 : 100 mM 자당(sucrose), 500 mM 자당, 1% 아가(agar), 증류수, 12.5 mg/㎖ 푸른 염색약(brilliant blue FCF), 20 mg/㎖ 붉은 염색약(sulforhodamine B)

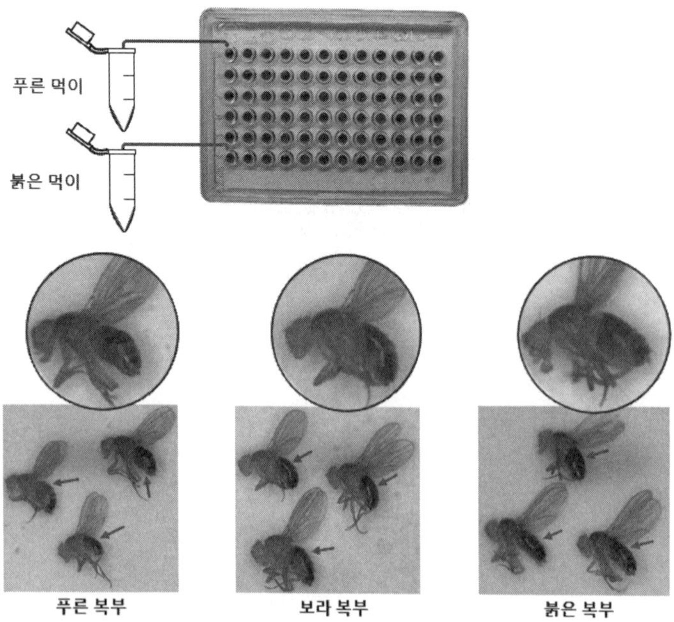

3. 실험 방법

① 초파리를 실험 18시간 전(오후 3시)에 굶긴다. 1% 아가 2-3 ㎖을 굳힌 바이알에 초파리를 넣고 바이알 플러그로 닫는다. 이 바이알을 물을 적신 휴지에 감싸고, 호일로 다시 감싼 후에 25℃, 60% 습도로 유지되는 배양기에 보관한다.

② 시험 당일 오전 9시에 72-웰 플레이트를 준비한다. 각각의 1.5 ㎖ e-튜브에 푸른 먹이 1 ㎖과 붉은 먹이 1 ㎖을 만들며, 자당, 염색약, 아가 순으로 넣는다. 1% 아가는 상온에서 고체상태이기 때문에 전자레인지를 돌려 녹여서 사용한다. 만들어진 1.5 ㎖ e-튜브는 57℃로 설정된 열 블록에 넣어두며, 1.5 ㎖ e-튜브를 하나씩 빼내어 72-웰 플레이트에 지그재그 패턴으로 분주한다.

푸른 먹이		붉은 먹이	
100 mM 자당	10 ㎕	500 mM 자당	10 ㎕
푸른 염색약	15 ㎕	붉은 염색약	15 ㎕
1% 아가	975 ㎕	1% 아가	975 ㎕
	1,000 ㎕		1,000 ㎕

③ 굶긴 초파리를 이산화탄소 가스로 기절시켜, 준비된 72-웰 플레이트에 넣고, 플레이트는 적신 휴지로 감싸고, 다시 호일로 감싸 25℃, 60% 습도로 유지되는 배양기에 1시간 30분 보관한다.

④ 호일과 휴지를 제거하고, 냉장고에 뒤집어 넣는다.

⑤ 초파리의 복부 색을 확인하고 선호도를 계산한다.

4. 고찰

1) 높은 농도(5 mM)의 자당이 포함된 먹이에 쓴맛 화합물(bitter chemical)을 추가하게 된다면 예상되는 선호도

2) 인간의 미각 조사

5. 필요기기

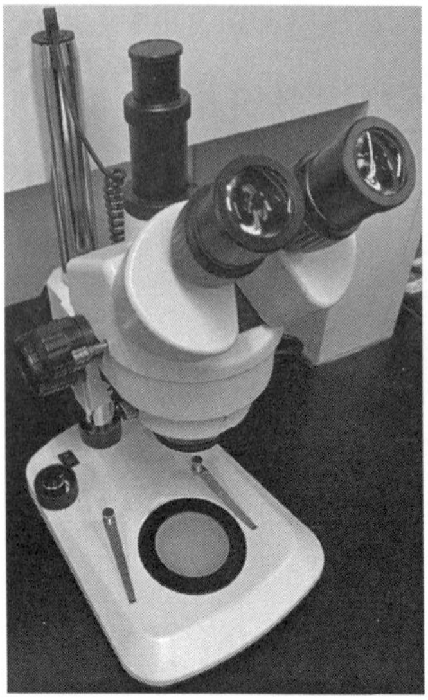

실체현미경

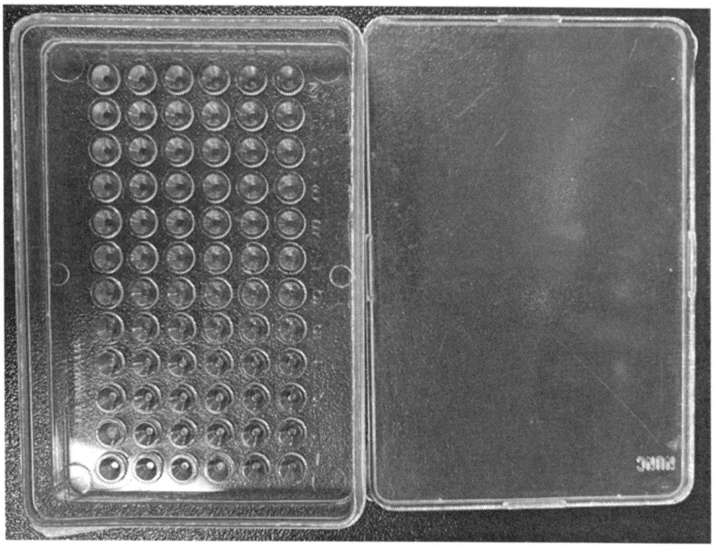

72-웰 플레이트

포셉

붓

– 실험 보고서 11 –

실험 제목 :

실험 결과 및 고찰 :

참고문헌 :

생물학 실험서

Part 04

유전자 및 단백질의 이해

실험 12. 유전자 분리

실험 13. 유전자 검출: Agarose gel 전기영동

실험 14. 형질전환

실험 15. 유전자 증폭: PCR

실험 16. 단백질 검출: SDS-PAGE

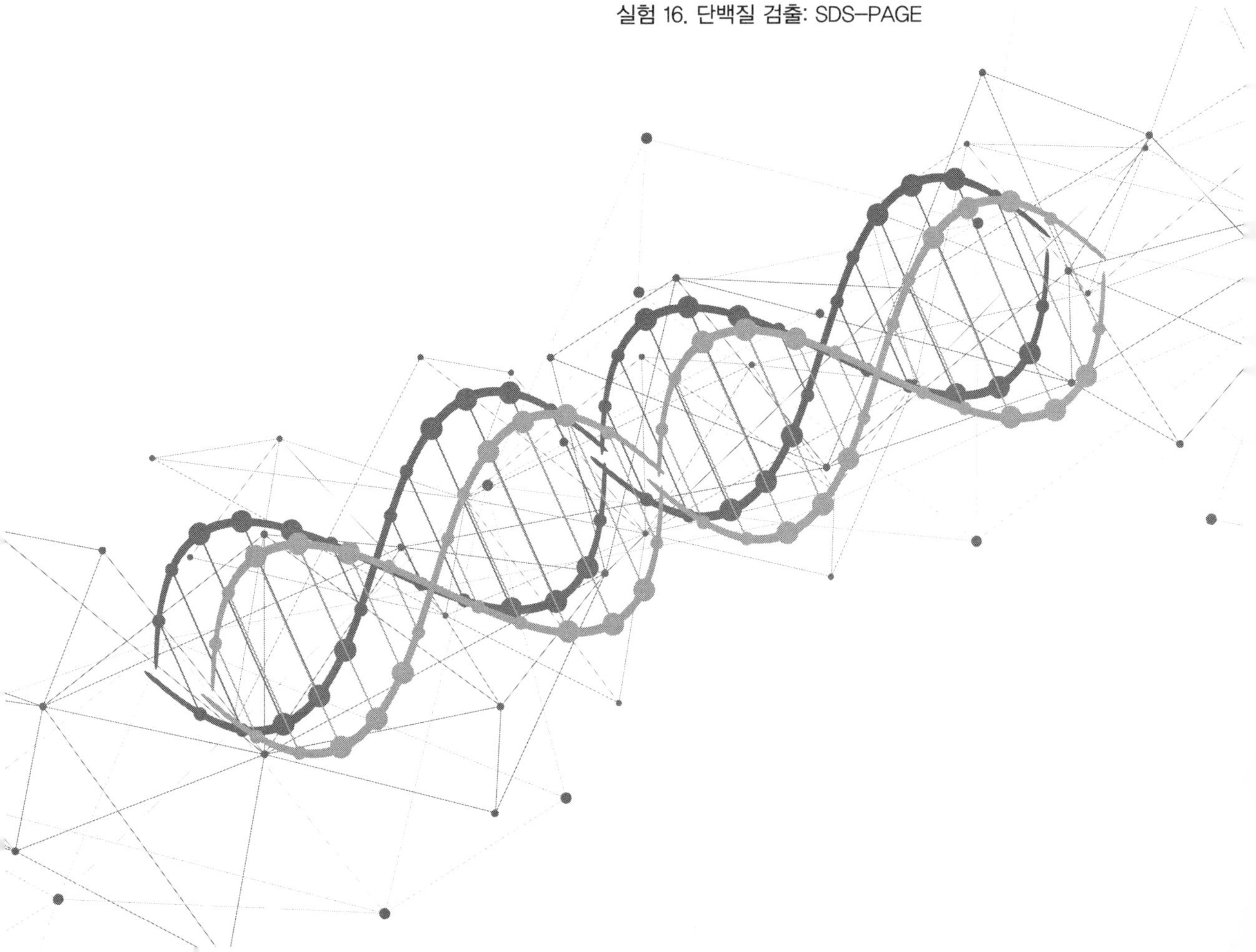

실험 12

유전자 분리

이 론

1) 플라스미드(Plasmid)

세포 내에서 염색체 DNA와는 별개로 독자적으로 복제되어 증식할 수 있는 고리 모양의 DNA를 총칭하는 말이다.

2) 소량 유전자 분리 (mini-prep)

Mini-preparation의 준말로 세포로부터 소량의 plasmid DNA를 뽑아내는 것을 의미한다. 세포의 종류마다 달라질 수 있지만 대략적으로 20~30 μg의 plasmid DNA를 뽑을 때 mini-preparation이라 한다. Plasmid preparation은 뽑는 DNA의 양에 따라 mini-prep외에도 midi-prep, maxi-prep, mega-prep, 그리고 giga-prep 등이 있다.

1. 실험 목표

유전자 재조합 대장균(*Escherichia coli*)으로부터 plasmid DNA를 분리한다.

2. 재료 및 기구

1) 배지(media) : LB medium(+항생제)

2) 균주(strain) : *E. coli* (pUC18)

3) 시약 : 용액 I (50 mM 포도당, 25 mM Tris-cl (pH8.0), 10 mM EDTA (pH8.0)),
용액 II (0.2N NaOH, 1% SDS),
용액 III (3 M potassium acetate, pH4.8),
Phenol:chloroform:isoamylalcohol(25:24:1),
100% 에탄올, 70% 에탄올

3. 실험 방법

1) 균주배양

① *E. coli* (pUC18)를 백금이를 이용하여 LB medium(+항생제)에 접종한다.

② 진탕배양기에 37℃,150rpm으로 16~24시간 배양한다.

2) 세포회수

① 배양액 1.5 ㎖을 1.5 ㎖ e-튜브에 담는다.

② 13,000rpm으로 2분간 원심분리한다.

③ 상등액을 pump를 이용해 흡입하여 제거하고, 침전물을 확보한다.

3) 알칼리를 이용한 세포용해

① 용액 I 100 ㎕를 넣고 혼합기를 이용해 녹인다.

② 5분간 상온에서 보관한다.

③ 세포침전물을 담은 1.5 ㎖ e-튜브에 용액 II 200 ㎕를 넣은 후, 위 아래로 뒤집으면서 섞어준다. (혼합기 사용 X)

④ 10분간 얼음에서 보관한다.

⑤ 용액 III 150 ㎕를 넣고 1.5 ㎖ e-튜브를 위아래로 뒤집으면서 조심스럽게 섞어준다. (혼합기 사용 X)

⑥ 5분간 얼음에서 보관한다.

⑦ 14,000rpm으로 10분간 원심분리한다.

⑧ 피펫을 이용하여 상등액(약 430 ㎕)을 새 1.5 ㎖ e-튜브에 옮긴다.

⑨ Phenol:chloroform:isoamylalcohol(25:24:1)을 430 ㎕ 넣고 1분간 혼합기를 이용하여 혼합한다.

⑩ 13,000rpm에서 2분간 원심분리한다.

⑪ 피펫을 이용하여 상등액(약 400 ㎕)을 새 1.5 ㎖ e-튜브에 옮긴다.

⑫ 냉동보관 해두었던 100% 에탄올 용액 800 ㎕을 넣고 위 아래로 뒤집으면서 섞어준다.

⑬ 13,000rpm에서 10분간 원심분리한다.

⑭ 상등액을 pump를 이용해 흡입하여 제거하여 plasmid DNA 침전물을 확보한다.

⑮ plasmid DNA가 침착된 1.5 ㎖ e-튜브를 30분간 건조시킨다.

4. 고찰

1) 원심분리란?

2) Plasmid DNA와 Genomic(Chromosomal) DNA의 차이점

3) Plasmid DNA를 얻는 과정의 원리 (실험에 쓰인 시약들의 역할과 과정)

4) 플라스미드 pUC18의 구조

5) LB medium에 항생제가 첨가된 이유

5. 필요기기

혼합기

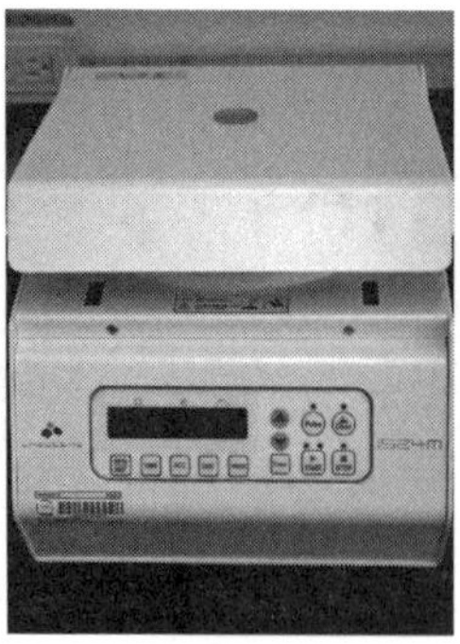
원심분리기

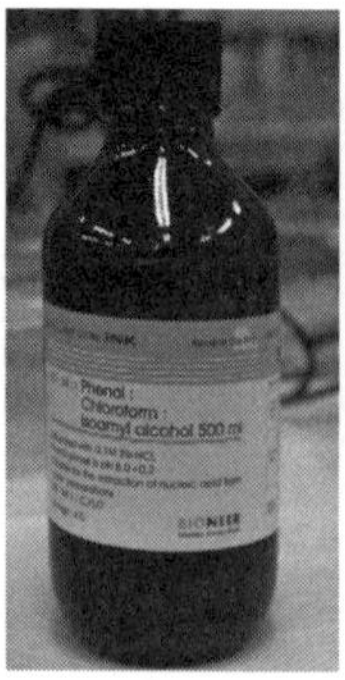
P:C:I Solution

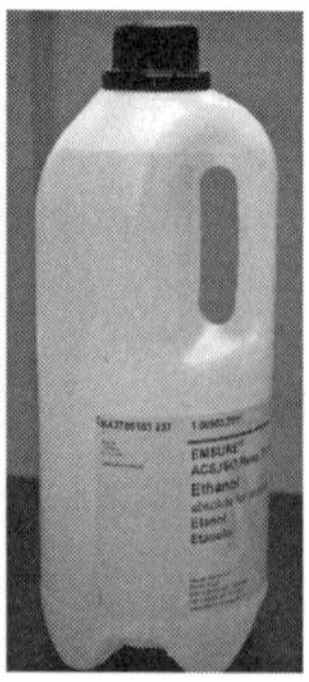
에탄올

– 실험 보고서 12 –

실험 제목 :

실험 결과 및 고찰 :

참고문헌 :

실험 13
유전자 검출
: Agarose Gel 전기영동

이 론

전기영동(electrophoresis)이란 전기장 내에서 전하를 띠고 있는 물질이 이동하는 성질을 이용하여 그 물질을 분리 · 분석하는 방법을 말한다. 일반적으로 DNA 전기영동은 DNA를 크기에 따라 분리하며 DNA의 phosphate group이 음전하를 띄고 있어 두 전극 사이에 위치했을 때 (+)극 쪽으로 움직이는 성질을 이용한 것이다.

1. 실험 목표

유전자 재조합 대장균 (DNA recombinant *E. coli*)로부터 분리한 plasmid DNA를 agarose 전기영동을 이용하여 검출한다.

2. 재료 및 기구

1) 기구 : 마이크로피펫, 피펫팁, 전기영동 장치, 자외선 조사장치(UV transilluminator), 전압공급장치(power supply), 전자레인지

2) 시약 : 제한효소, 아가로오스(agarose), 에티디움 브로마이드(ethidium bromide, EtBr), 전기영동 완충액(TAE buffer), 시약스푼, 시료염색약(6X gel loading dye), 1kb DNA ladder

3. 실험 방법

1) 아가로오스 젤 만들기

① 아가로오스 젤은 0.7%(w/v)로 만든다. 1.4 g의 아가로오스를 200 ㎖의 TAE 완충액에 넣은 다음 전자레인지에서 아가로오스가 완전히 녹을 때까지 끓인다.

② 용액의 1/20,000의 농도로 EtBr 10 ㎕를 용액에 첨가한다.

③ 젤 캐스터(caster)에 콤(comb)을 꽂은 후 젤 용액을 부어 굳힌다.

④ 젤이 굳은 후 콤은 제거한다.

2) 아가로오스 젤 전기영동

① 전기영동기에 완충액 붓고 아가로오스 젤을 넣은 다음 1kb DNA ladder 6μl를 걸고 DNA 시료 5 ㎕, 6X loading dye 1 ㎕를 마이크로 피펫으로 섞은 후 젤의 홈에 넣는다.

② 전기영동에 필요한 전압(직류전류:250V, 0.8A)을 걸어준다.

③ Gel loading dye를 보면서 전기영동이 얼마나 되었는지를 판단하고, 이것이 젤 중간쯤 갈 정도면 대개 적당한 정도가 되므로 젤을 꺼내어 UV trans-illuminator를 이용하여 결과를 확인한다.

※ EtBr: 발암원(mutagen)으로 사용 시, 장갑을 꼭 착용해야 한다. 또한, EtBr을 다룰 시에 사용한 장갑은 오염된 장갑이라 가정해야 하며, 오염된 장갑으로 다른 실험기구나 실험대를 만져서는 안 된다. 이러한 EtBr의 위험성으로 인해, 위험성을 낮춘 EtBr의 대체품도 나오고 있다.

4. 고찰

1) 아가로오스 젤 전기영동의 원리

2) 전기영동을 하기전에 제한효소를 치는 이유

3) 아가로오스 젤 전기영동 시 DNA 이동에 영향을 미치는 요인

5. 필요기기

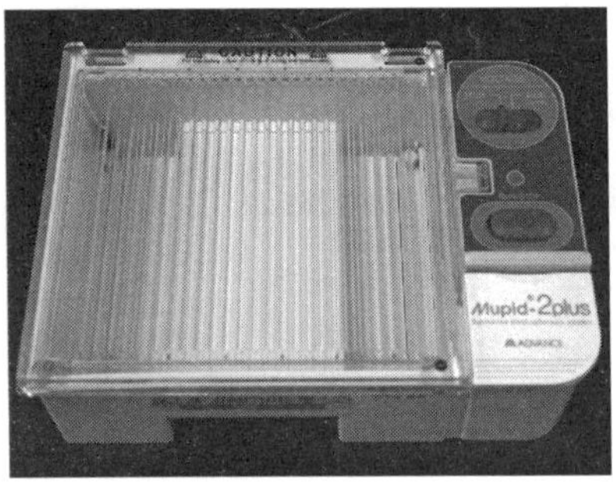

전기영동 장치

자외선 조사장치

제한효소

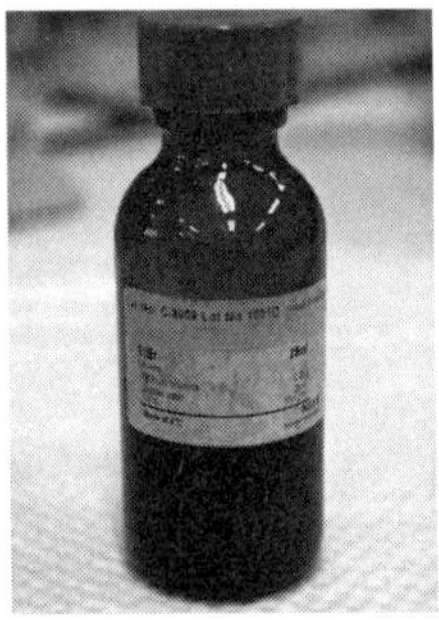

EtBr

– 실험 보고서 13 –

실험 제목 :

실험 결과 및 고찰 :

참고문헌 :

실험 14

형질전환

이 론

형질전환(transformation)의 원리

원하는 특정형질을 나타내는 DNA를 원핵세포(prokaryote) 또는 진핵세포(eukaryote) 등에 삽입하여 삽입한 DNA의 형질을 발현시키는 것을 형질전환이라 한다. 다시 말해, 원래의 세포가 가지고 있지 않던 형질을 외부 DNA를 삽입(insertion)시킴으로써 새로운 형질을 발현(expression)시키는 것을 말한다. 형질전환은 원핵세포와 진핵세포에서 사용하는 용어와 원리, 방법 등이 약간은 다른데, 소위 transformation이라고 말하는 것은 DNA 자체를 박테리오파지(bacteriophage) 등의 매개체를 이용하지 않고 직접 세균 또는 효모에 삽입하는 것을 뜻한다. Transformation 외에 세균이나 효모의 형질전환을 위해 사용되는 다른 방법은 transduction으로 transformation과는 달리 박테리오파지를 매개체로 이용한다. 박테리오파지의 핵산(nucleic acid)을 제거하고 대신 원하는 DNA를 넣고 감염시킴으로써 형질전환을 유도하는 방법이다. 이러한 transduction의 과정이 동물세포에선 transfection으로 불리며, transfection은 transformation과 유사한 의미라고 할 수 있다. Transfection은 transformation과 마찬가지로 원하는 DNA를 세포 내부로 유입시켜 외부의 DNA가 발현되도록 하는 것이 목적이다. Transfection의 방법은 크게 화학적, 물리적, 바이러스(virus) 매개 방법 등으로 분류할 수 있는데, 각각의 방법들이 모두 장단점이 있기 때문에 어떠한 방법이 최적이라고 말할 수는 없다. 본론으로 돌아와서, 본 실험은 언급했다시피 원핵생물인 *E. coli*를 이용한 transformation 실험이다. Transformation도 화학적, 물리적 방법 등이 있는데, 이번 실험에서 사용된 방법은 competent cell을 이용한 화학적인 방법이다. 수용성 세포(competent cell)이란 정상적인 bacteria 세포에 2가 양이온 등을 이용해 화학적 처리를 하여 DNA가 내부로 잘 유입될 수 있게 인위적으로 만든 cell을 의미한다. 음전하(negative charge)를 띄는 세포막에 Ca^{+2}과 같은 2가 양이온이 붙어있게 되면, 역시 음전하를 띄는 외부 DNA가 삽입된 plasmid vector는 세포막 근처로 모여들게 된다. 이 때, 열 충격을 주면 transformation이 일어나게 되는 것이다. 이번 실험으로 marker유전자로 엠피실린 저항성 유전자와, *LacZ* 유전자를 가지고 있는 pUC18 플라스미드를 이용해 엠피실린에 저항성이 없는 *E. coli*를 엠피실린에 저항성을 갖는 *E. coli*가 되도록 형질전환 시켜보자.

1. 실험 목표

화학적인 방법을 통해 항생제 저항성을 갖도록 대장균(*E. coli*)를 형질전환한다.

2. 재료 및 기구

1) 기구 : 50 ㎖ 튜브, 아이스박스 & 얼음, 1.5 ㎖ e-튜브, 원심분리기, 마이크로 피펫, 마이크로피펫 팁, 항온수조, 진탕배양기, 페트리-접시(Petri-dish), 삼각유리막대, 알코올램프, 클린벤치, 정치배양기, 디프리저(deep freezer)

2) 시약 : $CaCl_2$, 글리세롤(glycerol), 멸균된 증류수, 대장균(*E. coli*) DH5α (항생제저항성 없는 균주), pUC18 플라스미드, LB(Luria-Bertani) 배지, 아가로오스, 엠피실린

3. 실험 방법

수용성 세포 제작을 위한 용액

① 형질전환 용액

- 0.1M $CaCl_2$, 10 mM PIPES, 250 mM KCl, 55 mM $MnCl_2$

② 글리세롤 용액

- 0.1 M $CaCl_2$+ 20% 글리세롤

수용성 세포 제조

① 50 ㎖ 튜브 2개에 각각 전날 키운 대장균 세포를 10 ㎖씩 분주하고 4℃, 3000rpm, 10분으로 세포를 침강시킨다.

② 상층액을 버린 후 침강된 세포에 transformation buffer 용액을 2 ㎖ 씩 넣고 세포를 재현탁시킨다. (혼합기 사용 X)

③ Cold shock : 50 ㎖ 튜브를 통째로 얼음에 30분간 박아둔다.

④ 4℃, 3000rpm의 조건으로 10분간 세포를 침강시킨 후, 상등액 버리고 0.1 M $CaCl_2$+ 20% 글리세롤 용액을 1 ㎖ 씩 넣고 마이크로피펫으로 세포를 재현탁한다. (혼합기 사용 X)

⑤ Eppen tube 1.5 ㎖ e-튜브에 100 ㎕씩 분주한다.

⑥ Deep freezer디프리저에 보관한다.

Transformation

pUC18 plasmid	20 ㎕	
수용성 세포	100 ㎕	디프리저에 보관했던 수용성 세포
LB media	880 ㎕	40분간 배양할 때
LB plate (+ampicillin)		형질전환 여부 확인할 때 (colony 확인용)
Ice		Com. cell 녹일 때, Cold shock 할 때 필요
DDW		Resuspension 용

① 냉동보관한 Com. cel(수용성 세포)를 ice에 녹인 후 pUC18 플라스미드 20 ㎕을 모두 넣는다.

② tapping(가볍게 두드리기)으로 섞어 준다. (not vortexing)(혼합기 사용 X)

③ Cold shock : Ice에 30분간 둔다.

④ Heat shock : 42℃ water bath항온수조에 45초간 둔다.

⑤ LB media를 880 ㎕ 씩 넣어 1 ㎖을 만들고 37℃ shaking incubator진탕배양기에 40분간 정치배양한다.

⑥ 원심분리기를 이용하여 세포를 침강시킨다. (1 min, 12,000rpm)

⑦ (in clean bench)클린벤치에서 상등액은 버리고 증류수(200 ㎕)로 세포를 재현탁시킨다.

⑧ 세포현탁액 100 ㎕를 취한 후 LB 고체배지에 떨어뜨린 후 도말봉으로 넓게 도말한다.

⑨ 37℃ 정치 배양기에 10~12시간 정치배양한다. (콜로니 뜰 때까지)

4. 고찰

1) 수용성 세포을 이용한 화학적 방법의 형질전환을 설명해보고, 화학적인 방법 외의 형질전환 방법도 조사해본다.
2) 형질전환 여부를 확인할 수 있는 방법을 대장균에 삽입한 플라스미드인 pUC18이 가지고 있는 항생제 내성 유전자를 이용해 설명해본다.

5. 필요기기

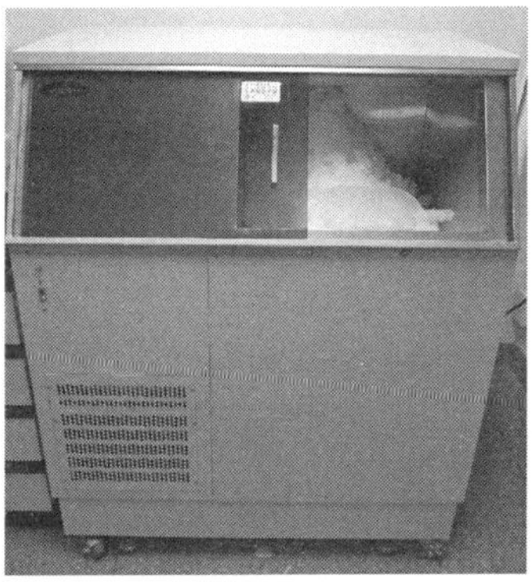
얼음

항온수조

Petri dish (LB agar plate)

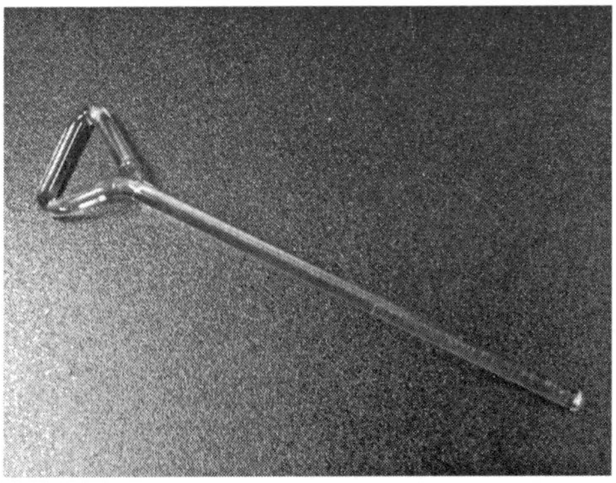
삼각 유리막대

정치배양기

- 실험 보고서 14 -

실험 제목 :

실험 결과 및 고찰 :

참고문헌 :

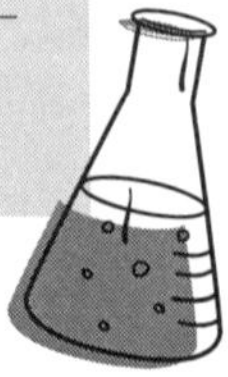

실험 15

유전자 증폭: PCR

이 론

중합효소 연쇄반응 (Polymerase Chain Reaction, PCR)의 원리

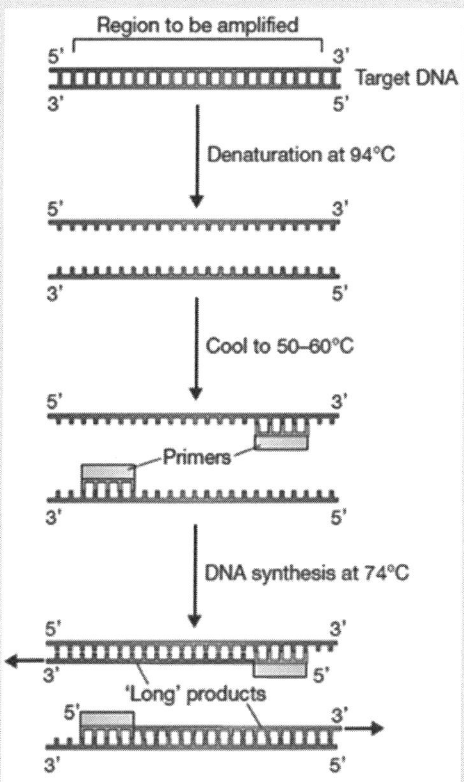

ref. Gene Cloning & DNA Analysis 6th edition

PCR은 유전자를 연구함에 있어 가장 중요한 실험기법 중에 하나이다. PCR은 DNA 중합효소에 의해 단일 유전자나 짧은 길이의 DNA 분자를 증폭할 수 있는 기술로서, 유전학과 생물학 연구의 대부분에 적용되고 있는 필수적인 실험기법이다. PCR을 수행하기 위해선 90℃가 넘는 고온에서도 변성이 되지 않는 중합효소가 필요한데, 이는 온천에 서식하는 호열성균인 *Thermus aquaticus*를 통해 얻을 수 있었다. 이 균은 열 안정성이 매우 뛰어나고 약 80℃에서 최적의 활성을 보이는 *Taq* polymerase라 불리는 DNA 중합효소를 합성하기 때문이다. *T. aquaticus*의 발견과 *Taq* polymerase의 정제는 PCR의 눈부신 발전을 가져왔다.

'중합효소 연쇄반응'이라는 뜻의 PCR

은 DNA 분자 상에서 특정 부분만을 선택적으로 증폭시킬 수 있다. 증폭하려는 부위의 가장자리 염기서열을 알고 있다면 DNA 분자의 어느 부위이건 선택하여 증폭이 가능하다. 이 때, 가장자리의 염기서열(Oligonucleotide 정도의 짧은 길이)은 증폭하려는 DNA의 합성을 위한 primer(시발체)로 작용하며 전체 DNA 중에서 어느 부분이 증폭될 것인가를 결정한다. 증폭은 primer가 결합된 주형 DNA(template DNA)에 중합효소가 더해져서 새로운 상보적 DNA가닥이 합성되는 것으로 시작된다. 다시 합성된 가닥에 94℃의 열이 가해지면 합성된 가닥들은 단일가닥으로 분리된 후 (변성), primer들이 주형 DNA의 해당 위치에 결합할 수 있도록 냉각된다(혼성화). *Taq* polymerase는 열에 의해 불활성화 되지 않기 때문에 두 번째 DNA 합성이 일어날 수 있게 해준다(합성).

'Denaturation(변성) → Hybridization(혼성화) → Synthesis(또는 Polymerization, 합성)' 과정을 25~30회 정도 반복함으로써 수백만 개로 증폭된 원하는 DNA 단편을 얻을 수 있다(그림 참조). 위 과정을 통해 얻은 PCR 산물(product)의 전기영동을 통해 PCR의 오류여부를 확인할 수 있다.

PCR을 통한 DNA 증폭의 성공여부는 증폭하려는 부위의 가장자리 염기서열을 갖는 pirmer의 완벽한 제작을 통해 가늠할 정도로 primer의 설계는 중요하다. primer가 잘못 설계되면 어떤 단편도 증폭되지 않거나 잘못된 단편이 증폭될 수 있기 때문이다. 따라서 primer의 적당한 염기 서열을 결정하는 것은 PCR에 앞서 필수적인 단계이다. 다음은 primer의 염기 서열 결정을 위한 몇 가지 사항을 나타낸다.

① Primer의 염기 서열은 증폭을 원하는 주형 DNA 부위의 가장자리 염기서열과 일치해야한다.

② Forward primer와 reverse primer는 혼성화가 일어날 수 있도록 주형 DNA에 상보적이어야 한다.

③ 결합된 primer의 3' 말단이 서로 마주보는 방향으로 위치해야 한다(위 그림 참조).

④ Primer의 길이가 너무 짧으면 주형에 비특이적으로 결합하여 원치 않는 증폭 산물을 생산한다.

⑤ 증폭시키고자 하는 DNA의 길이는 3kb 이하이어야 하며 이상적인 길이는 1kb 이하이다(단편의 길이가 길수록 증폭 효율이 낮아지고, 일관된 결과를 얻기 어렵다.).

※ 참고

Hybridization은 primer가 주형 DNA에 결합하는 단계로 이 단계에서 온도는 primer가 주형 DNA에 결합하는데 중요한 영향을 미친다. 결합 온도가 너무 높을 때는 primer와 주형이 서로 결합하지 못하고 분리된 상태로 남아 있으며 온도가 너무 낮을 때는 비특이적 결합이 형성되어 목표부위 외에 다른 부위들에서도 증폭이 일어날 수 있다. 따라서 이상적인 결합 온도는 primer와 주형 간의 결합이 가능할 정도로 충분히 낮아야 하고, 잘못된 결합의 형성을 방지할 수 있을 정도로 충분히 높아야 한다. 이러한 이상적인 온도는 primer-주형 결합체의 melting temperature (T_m)에 의해 결정된다.

T_m (정확하게 결합된 염기쌍들이 분리되는 온도) = (4×[G+C])+(2×[A+T])℃

[G+C] : primer에 존재하는 G와C 뉴클레오티드의 개수
[A+T] : 〃 A와T 뉴클레오티드의 개수

주형 DNA와 primer 간의 결합 온도는 각 primer들의 T_m 값을 계산하여 결정되며 이보다 1~2℃ 낮은 온도를 이용한다.

1. 실험 목표

PCR법을 통해 DNA를 증폭시켜 전기영동으로 확인한다.

2. 재료 및 기구

1) 기구 : PCRMachine, 마이크로피펫, 피펫팁, 전기영동장치, 자외선조사장치(UVtransilluminator), 전압공급장치(power supply), 0.2 ㎖ tube, rack
2) 시약 : DNA template, Forward primer, Reverse primer, dNTP, Taq polymerase, Taq

buffer, 멸균된 증류수, 아가로오스, 에티디움 브로마이드(ethidium bromide, EtBr), 전기영동 완충액(TAE), 시료염색약(6x gel loading dye), 1kb DNA ladder

3. 실험 방법

① PCR mixture 제조

- DNA template 2 ㎕
- Foward primer 2 ㎕
- Reverse primer 2 ㎕
- dNTP 4 ㎕
- Taq buffer 5 ㎕
- Taq DNA polymerase 1 ㎕

총 50 ㎕이 될 때까지 멸균된 증류수를 채운다. (증류수 37 ㎕)

② PCR machine 프로그램 설정

- 처음 5분 95℃로 설정
- 95℃ 1분 (Denaturation), 50℃ 30초 (Annealing), 72℃ 2분 (Polymerization) : 30 cycle
- 마지막 5분 72℃로 설정
- 약 2시간 정도 작동

③ 전기영동

- 실험5. 전기영동 부분을 참고하여 동일하게 아가로오스 젤을 준비한다.
  아래와 같은 DNA 부피와 농도로 아가로즈젤에 DNA를 올린 후 전기영동을 실시하여 PCR 산물을 검출한다.
- 1kb DNA ladder 9 ㎕ (1 lane)
- PCR product 10 ㎕ + 6X gel loading dye 2 ㎕ (2 lane 이후)

4. 고찰

1) PCR의 3단계를 원리를 직접 그림으로 그려보고 각 단계를 자세하게 설명해보기
2) *Taq polymerase*란?
3) PCR에 영향을 미치는 요인

5. 필요기기

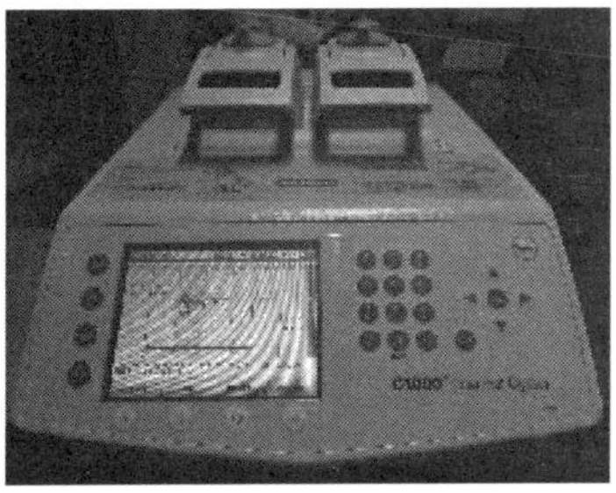

PCR machine

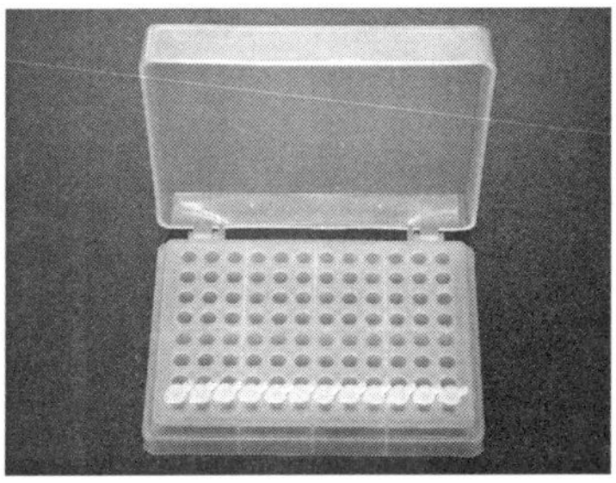

PCR tube

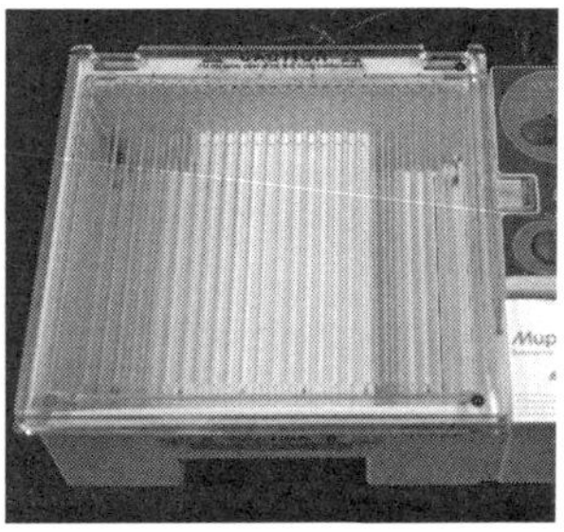

전기영동 장치

자외선 조사장치

– 실험 보고서 15 –

실험 제목 :

실험 결과 및 고찰 :

참고문헌 :

실험 16

단백질 검출: SDS-PAGE

이 론

전기영동은 전기장 내에서 전하를 띠는 분자를 구분하는 원리로 같은 전하에 질량 비율을 가지는 분자가 있으면 그 분자의 질량을 바탕으로 분리해낸다. 이러한 전기영동은 무엇을 분리하느냐에 따라 종류가 있다. DNA를 분리할 시에는 DNA 전기영동 장치를 사용하고 분리는 agarose gel을 통해서 분리한다. 단백질의 경우 sodium dodecyl sulfate−polyacrylamide gel electrophoresis(SDS−PAGE)를 사용하여 분리한다. 단백질은 다양한 전하량과 질량을 가지고 있기 때문에 전기장을 띠는 gel에서 단백질을 분리하여 단백질 순도 및 성질분석 등에 사용할 수 있다. SDS−PAGE는 단백질 분리하기 위한 방법 중 하나로 SDS를 detergent로 사용하여 음전하를 띄는 단백질의 고유 전하량에 상관없이 단지 질량으로 분리하는 일반적인 전기영동방법이다. 주로 acrylamide를 methylene bisacrylamide와 중합시킨 polyacrylamide gel을 이용한다. 이 polyacrylamide의 농도에 따라 분리하고자 하는 단백질의 분자량도 달라진다.

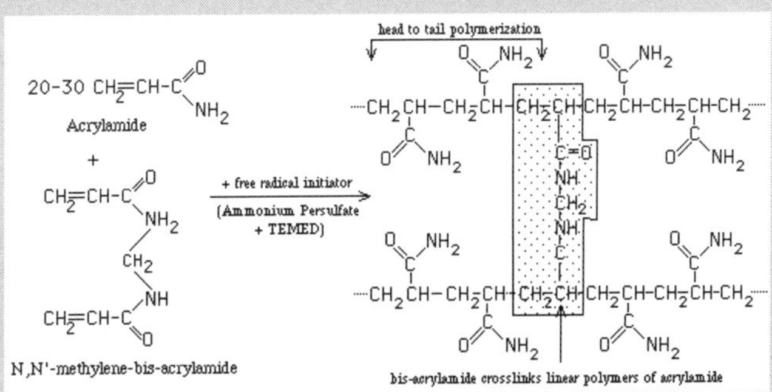

[참고 : Polyacrylamide 중합과정]

따라서 분석하고자 하는 단백질의 분자량에 따라 polyacrylamide gel의 농도를 정할 수 있다. SDS-PAGE는 두 가지의 다른 gel이 붙어있는 상태인 gel 전기영동으로 시행하게 된다. 윗부분에 존재하는 stacking gel은 단백질 시료가 gel에 loading 되었을 때 모든 시료가 같은 지점에서 출발할 수 있도록 해주는 역할을 한다. 아래 부분의 running gel에서 단백질은 질량에 따라 분리된다.

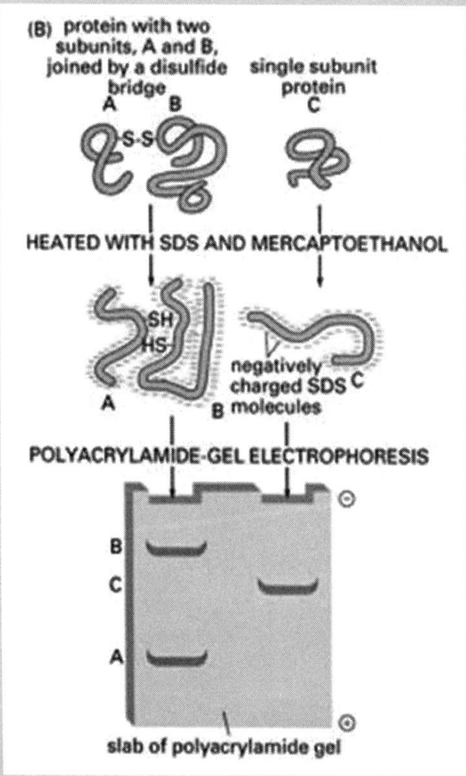

[참고 : SDS-PAGE 과정 원리]

1. 실험목적

SDS-PAGE의 gel의 성분과 각 성분의 작용, 원리에 대하여 이해하고 단백질을 분자량에 따라서 분리하며 검출한다.

2. 실험준비물

(1) 시약

증류수, 30% acryl/bis-acryl amide, 10% SDS, 10% ammonium persulfate, TEMED, 1 M Tris-Cl(pH 6.8), 1.5 M Tris-Cl(pH8.8), 1X Running buffer, 70% ethanol, 5X sample buffer, staining solution, marker, n-butanol, destaining solution

(2) 기구

Comb, gel plate(2판), 고정대, 혼합기, 50 ㎖ 튜브, 원심분리기, 전기영동 장치, 락앤락통, 핸드타올, 마이크로피펫, 마이크로피펫 팁, 1.5 ㎖ e-튜브, 열 블록

3. 실험방법

(1) SDS-PAGE gel 제조

① Gel glass plate를 70% ethanol로 세척한다.

② Gel glass plate를 조립하여 고정대에 끼워주고, 증류수를 gel plate 사이의 틈에 넣어서 세는지 확인한 후, 세지 않으면 증류수를 제거한다.

③ Running gel solution 과 stacking gel solution을 제조한다.

여기서 gel solution은 개시제인 ammonium persulfate와 TEMED를 제외하고 제조한다. 제조하는 방법은 참고란을 참고한다.

Ammonium persulfate와 TEMED는 gel plate에 부울 준비가 되었을 때, 첨가하여 잘 섞이도록 vortexing을 해주고, gel plate 틈에 부어준다. 붓는 순서는 running gel, stacking gel 순으로 진행한다.

④ Running gel을 부어준 뒤, butanol을 부어서 gel이 평평하게 되도록 해준다.

⑤ Running gel이 굳었는지 확인한 후 butanol을 증류수를 이용하여 빼주고 stacking gel을 부울 준비하여 부어준다.

⑥ stacking gel을 부어준 뒤, 그 위에 comb을 끼워준다. 끼워 줄 때, gel과 comb 사이에 기포가 들어가 있지 않도록 하여 주의해서 끼워준다.

(2) 단백질 시료준비

① 준비된 단백질 시료와 5X sample buffer를 e-tube에 넣어서 섞이도록 해준다. 섞어줄 때는 5X sample buffer가 최종적으로 1X가 되도록 섞어준다.

예 : 10 ㎕ = sample 8 ㎕ + 5X sample buffer 2 ㎕

② 넣어준 뒤 e-tube를 centrifuge를 살짝 해주어 벽면에 묻어있는 시료가 없도록 해준다.

③ 시료가 담긴 e-tube를 heater에 넣고 100℃, 5min간 heating 해준다.

④ Heating 한 sample을 식혀둔다.

(3) SDS-PAGE

① 제조한 gel을 고정대에서 분리하여 전기영동 장치에 고정시킨다.

② Comb을 빼주고, 전기영동 장치에 1X running buffer를 채워준다.

③ Comb을 뺀 그 자리에 단백질 시료를 넣어준다. 단백질 시료와 비교를 할 수 있는 단백질 marker도 넣어준다.

④ 전기영동 장치를 진행시킨다.

⑤ 처음에는 stacking gel을 지나 단백질 시료가 같은 지점에 오도록 60V에서 진행시킨 다음, running gel을 통해 단백질을 분리하는 동안에는 120~160V에서 진행시킨다.

⑥ Dye가 빠지기 직전에 전기영동 장치를 정지시킨 후, 전기영동장치에서 gel을 꺼내 plate에서 분리하여 락앤락통에 넣고, staining solution을 부어서 염색시킨다(상온에서 30min 이상).

⑦ 통에서 staining solution을 제거 후, destaining solution을 부어서 염색시킨 gel의 염색약을 빼준다. 이 작업은 staining solution의 성분이 단백질을 염색시켰으므로 그 외의 부분을 빼주어서 눈으로 확인할 수 있도록 해준다.

* 참고 : SDS-PAGE용 gel 제조방법

Running gel solution

	5 ㎖	10 ㎖	15 ㎖	20 ㎖	25 ㎖	30 ㎖	40 ㎖	50 ㎖
6% gel								
distilled water	2.6	5.3	7.9	10.6	13.2	15.9	21.3	26.5
30% acrylamide mix	1.0	2.0	3.0	4.0	5.0	6.0	8.0	10.0
1.5M Tris (8.8)	1.3	2.5	3.8	5.0	6.3	7.3	10.0	12.5
10% SDS	0.05	0.1	0.15	0.2	0.25	0.3	0.4	0.5
10% APS	0.05	0.1	0.15	0.2	0.25	0.3	0.4	0.5
TEMED	0.004	0.08	0.012	0.016	0.02	0.024	0.032	0.04
8% gel								
distilled water	2.3	4.6	6.9	9.3	11.5	13.9	18.5	23.2
30% acrylamide mix	1.3	3.3	4.0	5.3	6.7	8.0	10.7	13.3
1.5M Tris (8.8)	1.3	2.5	3.8	5.0	6.3	7.5	10.0	12.5
10% SDS	0.05	0.1	0.15	0.2	0.25	0.3	0.4	0.5
10% APS	0.05	0.1	0.15	0.2	0.25	0.3	0.4	0.5
TEMED	0.003	0.006	0.009	0.012	0.015	0.018	0.024	0.03
10% gel								
distilled water	1.9	4.0	5.9	7.9	9.9	11.9	15.9	19.8
30% acrylamide mix	1.7	3.3	5.0	6.7	8.3	10.0	13.3	16.7
1.5M Tris (8.8)	1.3	2.5	3.8	5.0	6.3	7.5	10.0	12.5
10% SDS	0.05	0.1	0.15	0.2	0.25	0.3	0.4	0.5
10% APS	0.05	0.1	0.15	0.2	0.25	0.3	0.4	0.5
TEMED	0.002	0.004	0.006	0.008	0.01	0.012	0.016	0.02
12% gel								
distilled water	1.6	3.3	4.9	6.6	8.2	9.9	13.2	16.5
30% acrylamide mix	2.0	4.0	6.0	8.0	10.0	12.0	16.0	20.0
1.5M Tris (8.8)	1.3	2.5	3.8	5.0	6.3	7.5	10.0	12.5
10% SDS	0.05	0.1	0.15	0.2	0.25	0.3	0.4	0.5
10% APS	0.05	0.1	0.15	0.2	0.25	0.3	0.4	0.5
TEMED	0.002	0.004	0.006	0.008	0.01	0.012	0.016	0.02
15% gel								
distilled water	1.1	2.3	3.4	4.6	5.7	6.9	9.2	11.5
30% acrylamide mix	2.5	5.0	7.5	10.0	12.5	15.0	20.0	25.0
1.5M Tris (8.8)	1.3	2.5	3.8	5.0	6.3	7.5	10.0	12.5
10% SDS	0.05	0.1	0.15	0.2	0.25	0.3	0.4	0.5
10% APS	0.05	0.1	0.15	0.2	0.25	0.3	0.4	0.5
TEMED	0.002	0.004	0.006	0.008	0.01	0.012	0.016	0.02

Stacking gel solution

	1 ㎖	2 ㎖	3 ㎖	4 ㎖	5 ㎖	6 ㎖	8 ㎖	10 ㎖
distilled water	0.68	1.4	2.1	2.7	3.4	4.1	5.5	6.8
30% acrylamide mix	0.17	0.33	0.5	0.67	0.83	1.0	1.3	1.7
1.0M Tris (6.8)	0.13	0.25	0.38	0.5	0.63	0.75	1.0	1.25
10% SDS	0.01	0.02	0.03	0.04	0.05	0.06	0.08	0.1
10% APS	0.01	0.02	0.03	0.04	0.05	0.06	0.08	0.1
TEMED	0.001	0.002	0.003	0.004	0.005	0.006	0.008	0.01

4. 고찰

1) SDS의 역할은?

2) SDS-PAGE를 이용한 단백질 분리 원리는?

3) 단백질 염색법의 종류와 원리는?

5. 필요기기

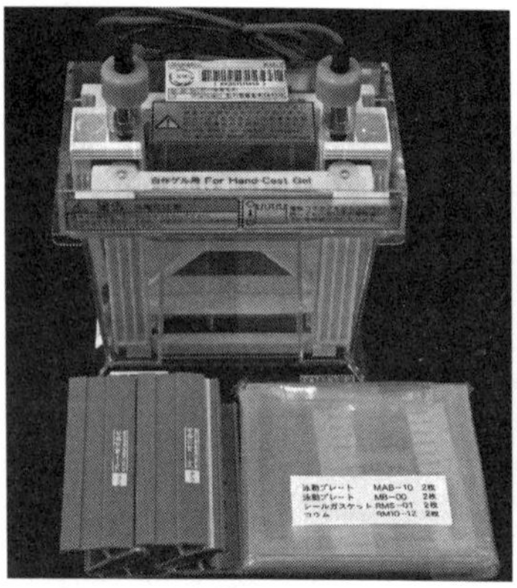

SDS-PAGE

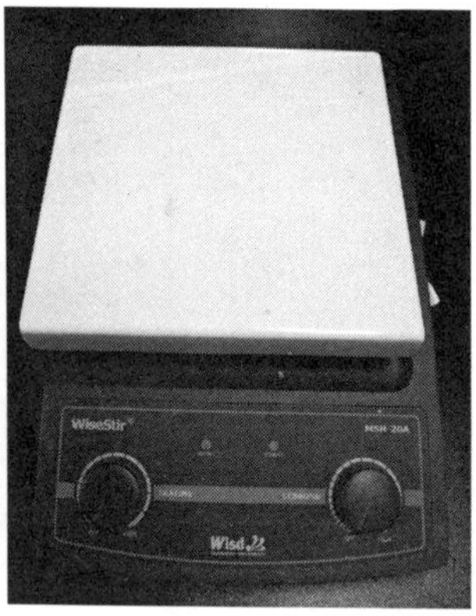

Heater

교반기

– 실험 보고서 16 –

실험 제목 :

실험 결과 및 고찰 :

참고문헌 :

Part 05

생물학의 응용

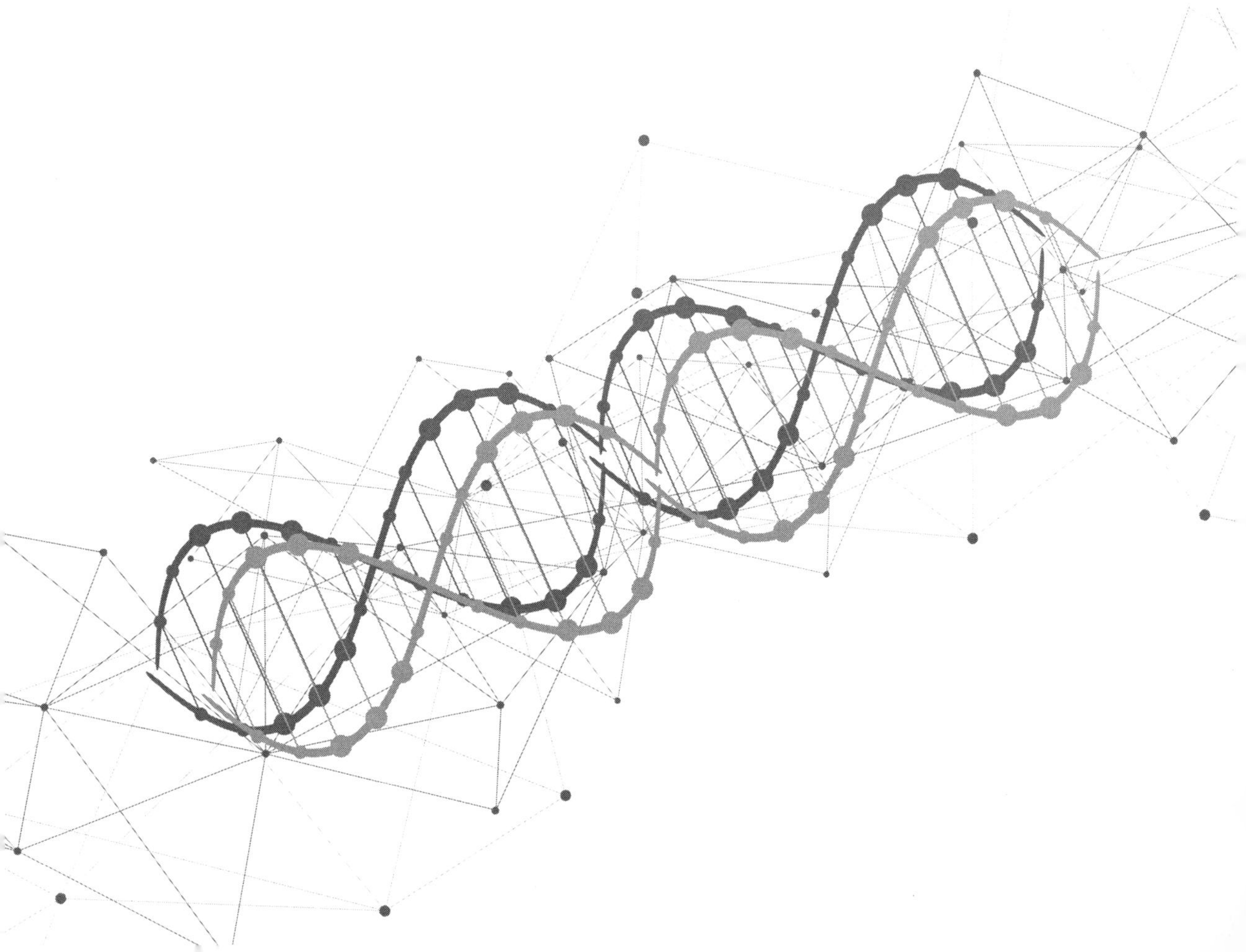

실험 17

탄수화물의 정량분석: 효소법

이 론

혈청 중의 glucose는 mutarotase 및 glucose oxidase의 작용에 의해 α형에서 β형으로 빠르게 변하며, 산화되어 gluconic acid와 H_2O_2가 생성된다. 이 생성된 H_2O_2는 peroxidase의 작용에 의해 4-aminoantipyrine과 phenol을 산화 · 축합시켜 적색의 quinone을 생성한다. 이 생성된 quinone 색소를 파장 505nm에서 비색 측정 한다.

$$\alpha\text{-D-glucose} \xrightarrow{\text{mutarotase}} \beta\text{-D-glucose}$$

$$\beta\text{-D-glucose} + O_2 + H_2O \xrightarrow{\text{glucose oxidase}} \text{gluconic acid} + H_2O_2$$

$$H_2O_2 + \text{4-AAP} + \text{Phenol} \xrightarrow{\text{peroxidase}} \text{quinoneimine} + 2H_2O$$

1. 실험 목표

산화반응을 통해 glucose로부터 색을 띠는 물질을 생성하고, 이 물질의 흡광도 측정을 통하여 포도당 정량을 한다. 이후 구하고자 하는 최종 포도당 농도를 확인한다.

2. 재료 및 기구

1) 시약

- 효소시약 (MUT, GOD POD, 4AAP)
- 완충액 (KH_2PO_4, Phenol)
- Standard solution (glucose 2g/L)

〈주의사항〉

1) 완충액과 동량의 효소시약을 기포가 생기지 않게 완충액에 용해시켜 사용한다.

2) 조제한 효소 용액은 2~10℃보존으로 1개월 내에

2) 기구

micro tube, pipet, water bath, cuvette, 흡광도기계

3. 실험 방법

① 505 nm에서 standard solution의 흡광도를 측정하여 2 g/L glucose 측정 시의 적정 희석 배수(dilution rate)를 결정한다.

② 1.5 ㎖ e-튜브에 다음을 준비한다.

Buffer(효소용액) 1.5 ㎖ + standard solution 10 ㎕ ---------------------- ①

Buffer(효소용액) 1.5 ㎖ + sample 10 ㎕ ---------------------- ②

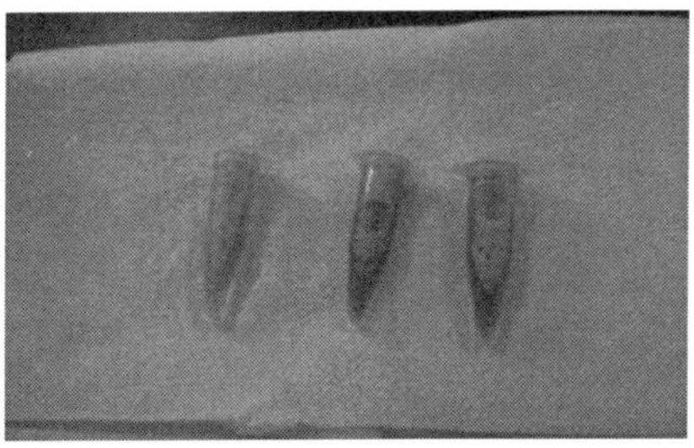

③ ①과 ②를 37℃ water bath에서 5분간 가온한다.

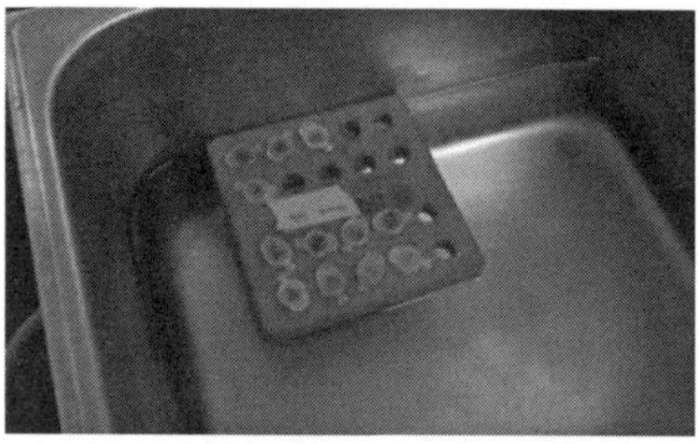

④ 각각의 OD(505 nm)값을 측정한다..

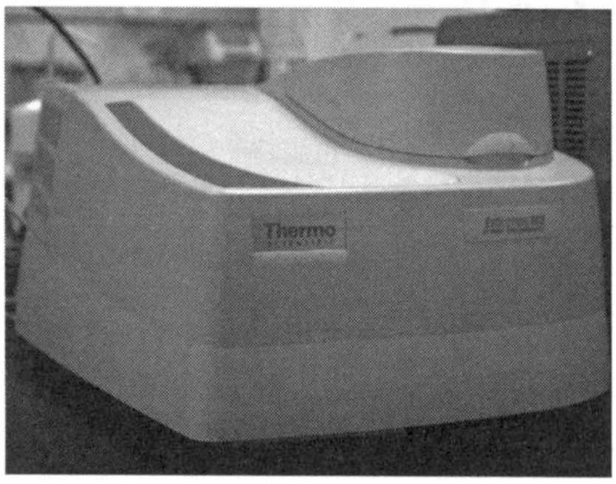

⑤ Sample의 당 농도를 계산한다.

ⅰ. 2 g/l (Standard solution의 glucose 농도) : ①의 OD
= xg/l (sample의 glucose 농도) : ②의 OD

ⅱ. x X D/R = Residual glucose concentration in sample

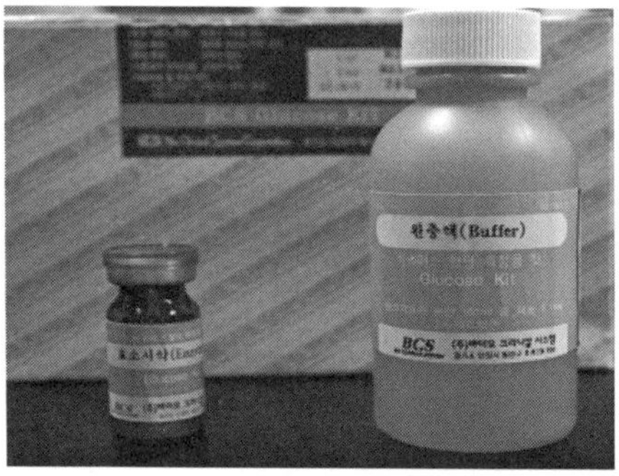

BCS glucose kit

4. 고찰

1) 효소법 외의 환원당 정량법
2) 환원당과 비환원당의 정의
3) 포도당 정량법의 원리

- 실험 보고서 17 -

실험 제목 :

실험 결과 및 고찰 :

참고문헌 :

실험 18

알코올발효의 이해: 맥주 만들기

이 론

맥주는 보리에 함유된 당질을 알코올로 발효하여 만든다. 그러나 효모(yeast)를 이용하는 알코올 발효의 경우, 당질은 다당류(polysaccharide)이기 때문에 이당류(dissacharide)나 단당류(monosaccharide)만 분해할 수 있는 효모의 당질 분해효소가 작용 할 수 없다. 이러한 이유로 보리의 종자를 발아시켜 종자의 세포벽 다당류 이외에 녹말(starch)이나 저장 다당류를 분해하는 효소, 즉 β-결합을 촉매하는 효소와 α-아밀라아제(amylase)나 말타아제(maltase)가 생성되도록 한다. 다음 단계에서 발아시킨 보리의 종자를 맥아(malt)라 하는데, 이 맥아를 물과 혼합하여 발아 시 생성된 효소의 작용으로 맥아당(maltose), 포도당(glucose)이나 기타의 단당류가 생성되고, 배지에 녹게 된다. 다음에 이 맥아즙(malt extract)과 호프(hop)를 함께 끓여서, 효소를 불활성화 시키고 맥주고유의 향 성분을 추출한 후, 냉각하고 공기가 통하게 한다. 이때 효모를 첨가하고 외부 환경과 단절시키게 되면, 산소가 충분한 맥아즙 중 당질의 일부를 사용하여 증식이 이루어진다. 이 단계에서는 산소가 충분하므로 당성분은 해당과정(glycolysis), TCA회로(TCA cycle), 전자전달계(ETS: electron transport system)를 통하여 CO_2와 H_2O로 산화되기 때문에 알코올은 생성 되지 않는다. 그러나 맥아즙에 들어있는 산소가 모두 소모되어 없어지면 효모는 혐기성 발효를 하게 되고, 이 시점부터 CO_2와 에탄올이 생성된다. Ale 맥주를 만들기 위한 상면발효 (top-fermentation)는 이후 추가 공정 없이 맥주제로를 완료하게 된다. 한편 lager 맥주를 만들기 위한 하면발효 (bottom-fermentation)는 추가 후발효/저장 공정을 필요로 한다. 이 후의 발효는 저장(lagering)이라고 한다. 후발효

시에는 밀폐탱크에서 1~4개월 동안 아주 천천히 발효성 액기스의 재발효와 CO_2의 포화가 이루어지고, 효모나 석출물의 침전 분리, 미성숙했던 맥주의 맛과 향의 조화 숙성이 이루어져 최종적으로 맑고 숙성된 맥주를 얻을 수 있게 된다.

1. 실험목표

발효미생물로 사용하게 될 효소의 당분을 이용하는 대사적 특성이 산소의 유무에 따라서 결정됨을 이해하게 되며 또한 에탄올의 생산기작을 이해할 수 있다.

2. 재료 및 기구

1) 재료 : 맥주 원액, 건조맥아즙(드라이몰트), 설탕

2) 균주 : 효모

3) 기구 : 발효조

* 맥주원액 : 맥아추출물에 호프나 기타 당류를 첨가한 것으로 맥아즙+호프 단계까지를 단축시켜준다.
* 건조맥아즙 : 맥아즙을 건조시킨 것. 효모의 성장 및 에탄올 생산용 기질로 설탕을 넣는 것보다 향과 맛에 풍미가 더 해진다.
* 설탕 : 효모를 활성화시켜 CO_2를 발생하게 하며, 설탕의 양에 따라 맥주의 도수를 조절할 수 있다.

3. 실험방법

① 모든 사용도구를 소독하고 깨끗이 씻는다.

② 뜨거운 물에 맥주원액을 약 5분 동안 중탕한다.

③ 중탕한 맥주원액을 발효조에 붓는다.

④ 약 3~4리터의 따뜻한 물에 500 g의 설탕과 500 g의 건조맥아즙을 넣어주고 녹인다.

⑤ 찬물을 부어 20~23리터로 맞추고 온도를 35℃ 이하로 낮추고 젓는다.

⑥ 30℃ 정도의 물 200 ㎖에 효모를 뿌려주어 활성화시킨다.

⑦ 10분 후 활성화된 효소를 맥주원액에 투여한다.

⑧ 상온 22~24℃에서 약 7~10일정도 발효를 시킨다.

⑨ 병에 설탕을 담고(7~10 g/L) 맥주를 담고 뚜껑을 잠근다.

4. 고찰

1) 맥주를 맛있게 즐기는 방법 ('치킨을 곁들여 먹는다' 제외)
2) 맥주병에 색이 들어 있는 이유
3) 실제 공장에서 맥주를 만드는 과정
4) 상면발효주와 하면발효주의 원리 및 과정

5. 필요기기

맥주 발효조

- 실험 보고서 18 -

실험 제목 :

실험 결과 및 고찰 :

참고문헌 :

생물학실험서 3rd edition

초 판 발 행	2010년 12월 31일
개 정 판 발 행	2013년 2월 8일
개정판2쇄발행	2017년 2월 28일
개정판3쇄발행	2020년 3월 31일
개 정 3 판	2022년 2월 7일
저 자	이영석, 박용철, 오상택, 이인형, 성문희
발 행 인	임홍재
발 행 처	국민대학교 출판부
주 소	서울시 성북구 정릉로 77(정릉동)
전 화	02-910-4242
팩 스	02-910-4240
등 록	1975년 6월 17일 제 6-33호
인 쇄	동방인쇄공사

ISBN 978-89-7812-507-9 93470 가격: 12,000원